愿本书能为在混凝土配合比设计道路上行走的技术人员带来光明！

高礼雄博士

2015年3月1日

现代混凝土配合比设计与质量控制新技术

高礼雄　荣　辉　孙国文　著

中国铁道出版社有限公司
2020年·北　京

内 容 简 介

本书对《普通混凝土配合比设计规程》JGJ 55—2011 标准进行了全面解析，阐明了其指导作用及存在的不足。同时对混凝土配合比设计的基础知识进行了透彻分析。在此基础上，提出了一套切实可行的混凝土配合比设计新方法，力争使混凝土配合比设计工作变得有章可循、简单明了。

图书在版编目(CIP)数据

现代混凝土配合比设计与质量控制新技术/高礼雄，荣辉，孙国文著. —北京：中国铁道出版社，2015.4（2020.12重印）

ISBN 978-7-113-20129-6

Ⅰ.①现…　Ⅱ.①高…②荣…③孙…　Ⅲ.①混凝土-配合比设计②混凝土-质量控制　Ⅳ.①TU528

中国版本图书馆 CIP 数据核字(2015)第 055298 号

书　　名：现代混凝土配合比设计与质量控制新技术
作　　者：高礼雄　荣　辉　孙国文

策　　划：江新锡
责任编辑：曹艳芳　**编辑部电话：**(010) 51873017　**电子邮箱：**chengcheng0322@163.com
封面设计：王镜夷
责任校对：孙　玫
责任印制：高春晓

出版发行：中国铁道出版社有限公司（100054，北京市西城区右安门西街 8 号）
网　　址：http://www.tdpress.com
印　　刷：三河市宏盛印务有限公司
版　　次：2015 年 4 月第 1 版　2020 年 12 月第 2 次印刷
开　　本：797 mm×1 092 mm　1/16　印张：15.25　字数：212 千
书　　号：ISBN 978-7-113-20129-6
定　　价：43.00 元

前言

混凝土是我国最大宗使用的建筑材料。混凝土配合比设计是混凝土生产过程中的第一道工序,也是最关键的工序。为了对混凝土配合比设计进行统一指导,我国制订了《普通混凝土配合比设计规程》JGJ 55—2011 国家标准。然而在实际执行过程中,由于存在对《普通混凝土配合比设计规程》JGJ 55—2011 标准认识的片面理解,导致混凝土配合比设计工作十分混乱,表现为要么生搬硬套不切实际,要么全盘否定毫无章法。

本书对《普通混凝土配合比设计规程》JGJ 55—2011 标准进行了全面解析,阐明了其指导作用及存在的不足。同时对混凝土配合比设计的基础知识进行了透彻分析。在此基础上,提出了一套切实可行的混凝土配合比设计新方法,力争使混凝土配合比设计工作变得有章可循、简单明了。

在混凝土质量控制方面:主要对混凝土用各项原材料标准的理解和质量控制要点进行了解析,对拌和物质量控制和混凝土强度质量控制技术环节进行了探讨,最后对常见混凝土质量缺陷进行了剖析,期望为控制混凝土质量异常波动找到有效的解决方法。

本书适用于无机非金属材料专业在校本科生和研究生之教学,亦可对搅拌站和施工单位从事混凝土试验工作的技术人员有一定参考指导。

本书由石家庄铁道大学高礼雄、孙国文和天津城建大学荣辉共同撰写。限于作者的知识水平,书中不妥之处在所难免,请广大读者批评指正。

高礼雄博士

2015年3月于石家庄铁道大学

目 录

第一章

基本概念的再认识

第一节　普通混凝土、高性能混凝土与现代混凝土

一、何谓普通混凝土

混凝土按干表观密度的不同，有以下几种分类：

(1)重混凝土：干表观密度大于2 800 kg/m³的水泥混凝土。常采用重晶石、铁矿石、钢屑等做骨料和锶水泥、钡水泥共同配制为防辐射混凝土，主要用作核工程的屏蔽结构材料。

(2)普通混凝土：干表观密度为2 000~2 800 kg/m³的水泥混凝土。主要以天然砂、石子和水泥等胶凝材料配制而成，是土木工程中最常用的混凝土品种，用作各种承重结构材料。

(3)轻混凝土：干表观密度小于1 950 kg/m³的水泥混凝土。采用陶粒、页岩等轻质多孔骨料或掺加引气剂、泡沫剂形成多孔结构的混凝土，具有保温隔热性好、质量轻等优点，多用于保温材料或高层、大跨度建筑的结构材料，包括轻骨料混凝土、多孔混凝土和无砂大孔混凝土等。

从上述分类中可以看出，混凝土的品种虽然繁多，但在实际工程中还是以普通混凝土应用最为广泛，如果没有特殊说明，狭义上通常称其为混凝土。因此，所谓普通混凝土通常指的是普通容重混凝土。然而在实际工作中，大多数人错误地将普通混凝土理解成普通性能混凝土。这完全是两

个不相干的概念。

二、何谓高性能混凝土

顾名思义,性能比较高的混凝土就是高性能混凝土。这样的解释又显得有些牵强附会。廉慧珍教授在《高性能混凝土》一书中对高性能混凝土的定义列举了如下几种:

(1)美国国家标准与技术研究所(NIST)与美国混凝土协会(ACI)提出:高性能混凝土是采用优质原材料配制的,便于浇捣,不离析,力学性能稳定,早期强度高,具有韧性和体积稳定性等性能的耐久的混凝土。从该定义看不出,高性能混凝土高在何处?实际施工中,我们常用的普通混凝土性能也是这么要求的。

(2)1990年美国的Mehta P. K. 认为:高性能混凝土不仅要求高强度,还应具有高耐久性等其他重要性能,例如高体积稳定性、高抗渗性和高工作性。这种定义也看不出高性能混凝土高在何处?在实际工程中,对普通混凝土的性能要求也是如此。

(3)1992年日本的小泽一雅和冈村甫认为:高性能混凝土应该是高工作性能、低温升、低干缩率、高抗渗性和足够的强度。这种定义也是根据施工条件和设计要求对混凝土性能提出的具体要求,与实际施工中对普通混凝土的性能要求并无区别。

(4)廉慧珍教授的定义:高性能混凝土为一种新型高技术混凝土,是在大幅度提高普通混凝土性能的基础上采用现代混凝土技术制作的混凝土,是以耐久性作为设计的主要指标,针对不同用途,对下列性能有重点地加以保证:耐久性、施工性、适用性、强度、体积稳定性和经济性。该定义对高性能混凝土提出的性能要求也是实际工程中对普通混凝土性能提出的要求。

其实,混凝土按性能分类目前只有两种分类形式:即,按强度等级不同,分为普通强度混凝土(C10~C55)、高强混凝土(C60~C100)和超高强混凝土(C100以上);按流动性不同,分为干硬性混凝土(坍落度小于

10 mm)、塑性混凝土(坍落度10~90 mm)、流动性混凝土(坍落度100~150 mm)和大流动性混凝土(坍落度大于160 mm)。除此之外,并无普通性能混凝土和高性能混凝土之说。高性能混凝土只是一个称谓,并不是一种新的混凝土品种。再看看《混凝土外加剂》GB 8076标准。其将外加剂分为三种类型:普通减水剂、高效减水剂和高性能减水剂。其实这三类减水剂没有本质上的差别,只是减水率高低有所不同而已。换个高性能的名头一包装,就可以卖个好市场和好价格。不只是混凝土行业在玩高性能概念,现在的高性能汽车、高性能牙齿不也是在炒作高性能这一概念吗?

当前,学术界和工程界一直都很反感再提倡使用高性能混凝土这一称谓。因为一些规范编制受到一部分人对高性能混凝土局限性认识,误将高性能混凝土看成是一种新的混凝土类型,进而给出其配合比设计的种种限制,使得施工技术人员无所适从,进而引起实际工程中混凝土质量问题的出现。因此,高性能混凝土并不是一个新的混凝土品种,本质上就是普通混凝土。

三、何谓现代混凝土

古代混凝土使用的胶凝材料大多为天然形成或具有火山灰性质的材料经焙烧研磨而成,使得胶凝材料的使用存在局限性,难以普遍推广应用。其中,古埃及人用煅烧石膏作砂浆砌筑了金字塔;古罗马人用火山灰加石灰制作混凝土建造了万神庙的承重墙和跨度30多米的圆拱屋顶;我国万里长城部分是用石灰、黏土和砂配成的细粒混凝土筑墙。

1824年,英国人Aspdin J取得了波特兰水泥的生产专利,被认为是现代混凝土工业的开始。自水泥问世之后,很快就出现了水泥砂浆和水泥混凝土,混凝土的胶结料也由气硬性发展成今天的水硬性胶结料。1850年,法国人取得了钢筋混凝土的专利。1928年,法国人Freyssinet E发明了预应力锚具,天才地创造了预应力钢筋混凝土技术。20世纪30年代末,外加剂在混凝土中开始了一些尝试性应用,现代化学外加剂已成为混凝土的必要组分，被认为是继预应力混凝土技术之后的又一技术突破。

近百年来，水泥混凝土总的发展趋势是不断提高强度等级，工作性能也向大流动性、自密实性方向发展。过去传统水泥混凝土的基本组成材料是水泥、粗细骨料和水。其中，水泥浆体占 20%~30%，砂石骨料占 70%~80%。水泥浆在硬化前起润滑作用，使混凝土拌和物具有可塑性。在混凝土拌和物中，水泥浆填充砂子空隙，包裹砂粒，形成砂浆，砂浆又填充石子空隙，包裹石子颗粒，形成混凝土浆体；在混凝土硬化后，水泥浆起填充和胶凝作用。水泥浆多，混凝土拌和物流动性大，反之干稠；混凝土中水泥浆过多则使混凝土水化温升高，收缩大，抗侵蚀性不好，容易引起耐久性不良。粗细骨料主要起骨架作用，传递应力，它比水泥浆具有更高的体积稳定性和更好的耐久性，可有效减少收缩裂缝的产生和发展，也能起到降低水化热的作用。

现代混凝土中除了以上组分外，还加入了化学外加剂与矿物掺和料。化学外加剂的品种很多，可以改善和调节混凝土的各种性能。矿物掺和料则可以有效提高混凝土的新拌性能和耐久性，同时可降低成本。与此同时，现在使用的砂石料也越来越匮乏，质量越来越差，这些变化因素使得现代混凝土的配合比设计相对过去传统混凝土而言变得更加困难，而且现代混凝土的质量控制也变得相对复杂。随着混凝土应用范围越来越广，使用环境条件越来越复杂，大跨度结构的广泛出现，要求现代混凝土应具有更好的工作性能、更高的强度和耐久性能。现代混凝土也不是一种新的混凝土品种，本质上也是普通混凝土，只是性能比传统混凝土要求相对更高一些。

现代混凝土的品种繁多，应用范围也非常广泛，按用途分类可分为结构混凝土、大体积混凝土、防水混凝土、耐热混凝土、膨胀混凝土、防辐射混凝土、道路混凝土等；按生产方式可分为预拌混凝土和现场搅拌混凝土；按施工方法可分为泵送混凝土、喷射混凝土、碾压混凝土、挤压混凝土、离心混凝土、压力灌浆混凝土等。

第二节　混凝土配合比的设计原则

混凝土配合比的设计原则为：

(1)保证设计出来的混凝土实际强度值满足结构设计和施工进度强度等级要求；

(2)保证设计出来的混凝土实际工作性能满足设计和施工条件的要求；

(3)保证设计出来的混凝土实际耐久性能指标满足设计指标要求；

(4)保证设计出来的混凝土尽量节约水泥用量，合理使用原材料，降低工程成本，取得良好的经济效益。

上述四条原则归纳成一条就是，在保证设计出来的混凝土实际性能指标满足设计要求的前提下，做到混凝土成本最低。该配合比设计原则同时也阐明了一个设计道理：混凝土配合比的设计就是在成千上万个性能指标均满足设计要求的混凝土中，寻找一个成本最低的最佳混凝土。

第三节　混凝土配合比的设计目标

“设计”的本质就是“想法”。设计混凝土的配合比，就是提出自己的想法和观点。混凝土配合比设计到底设计什么呢？现以强度等级 C30、坍落度 200 mm 的混凝土为例，按《普通混凝土配合比设计规程》JGJ 55 的规定，予以设计说明：

(1)设计配制强度

$$f_{cu,0} \geqslant f_{cu,k} + 1.645\sigma \geqslant 30 + 1.645 \times 5.0 \geqslant 38.2\ \text{MPa}$$

(2)设计矿物掺和料掺量和对应 W/B 比

假定给定的原材料：P·O 42.5 水泥、Ⅱ级粉煤灰、干净的碎石和河砂。如设计粉煤灰掺量为 20%，粉煤灰影响系数经验值为 0.75~0.85，取 0.80，则与 20%粉煤灰掺量对应的 W/B 比为：

$$W/B = \frac{\alpha_a \gamma_f f_{ce}}{f_{cu,0} + \alpha_a \alpha_b \gamma_f f_{ce}}$$

$$= \frac{0.53 \times 0.80 \times 1.16 \times 42.5}{38.2 + 0.53 \times 0.20 \times 0.80 \times 1.16 \times 42.5} = 0.49$$

假定设计粉煤灰掺量为40%，粉煤灰影响系数经验值为0.55~0.65，取0.60，则与40%粉煤灰掺量对应的*W/B*比计算为0.38。以此类推，其他粉煤灰掺量时，也是在寻找对应掺量的*W/B*比。这就阐述了一个设计道理：混凝土强度配合比设计的本质，就是设计矿物掺和料的品种和掺量，同时设计与掺量对应的*W/B*比。

(3)设计外加剂掺量和对应用水量(*W*)

假定碎石最大粒径为31.5 mm，河砂为中砂。不掺外加剂的条件下，获得200 mm坍落度混凝土的用水量，查规程经验值为*W*=235 kg。

假如设计掺1.0%掺量的减水剂，减水率为20%，这时获得相同坍落度的用水量为：

$$m_{w0} = m'_{w0}(1 - \beta) = 235 \times (1 - 20\%) = 235 \times 0.8 = 188 \text{ kg}$$

也可以设计外加剂掺量1.5%，减水率为32%，这时的用水量为160 kg。依此类推，设计其他外加剂品种和掺量时，也是在寻找对应减水率时的用水量。这就揭示了另一个设计道理：混凝土工作性能配合比设计的本质，就是设计外加剂的品种和掺量，同时设计与减水率对应的用水量。

(4)设计合理砂率值

至此，1 m^{3}混凝土所需各材料用量分别是：外加剂掺量：1.0%；用水量：188 kg；粉煤灰掺量：20%；水泥用量：307 kg。假定混凝土的表观密度为2 400 kg/m^3，以质量法计算得粗细骨料总用量为：1 828 kg。要最终确定1 m^{3}混凝土中砂石料各自的用量，还需要设计一个合理砂率值。如将合理砂率值设计为40%，这时砂的用量为731 kg，石的用量为1 097 kg。

有人从上述设计过程得出：混凝土配合比的设计本质上就是上述计算过程。也有人认为混凝土配合比设计就是设计混凝土的强度、混凝土的工作性能和混凝土的耐久性能。这两种认识都是有害的。混凝土配合比设计怎么可能是上述计算过程呢？在上述计算过程中，可以设计掺不同品种和掺量的矿物掺和料，得到的*W/B*比会相应变化；可以设计掺不同减水率的外加剂,得到的用水量也相应变化。计算过程都一样,设计得到的最终结果却大不相同。混凝土配合比设计也不是设计混凝土的强度、工作性能和耐久性能。混凝土强度、工作性能和耐久性能只是混凝土配合比设计的指标要求,规定设计得到的混凝土实际性能指标必须满足设计指标,否则整个设计过程无效,设计出来的混凝土也不是实际工程需要的混凝土。

混凝土配合比的设计目标到底是什么呢?简单地说,就是设计两点:

首先是设计混凝土类别;其次是设计该类混凝土的5个参数,即矿物掺和料准备怎么掺?*W/B* 比设计多大?外加剂准备怎么用?用水量设计多少?合理砂率如何取值?

还是以强度等级C30、坍落度200 mm性能指标的混凝土设计为例,谈谈混凝土配合比的设计目标。对该性能指标混凝土开展配合比设计时,首先需要设计混凝土类别:是设计成掺粉煤灰的混凝土?还是设计成掺矿渣粉的混凝土?抑或是设计成粉煤灰和矿渣粉双掺的混凝土?其次掺粉煤灰混凝土时,是设计成掺20%的粉煤灰还是设计成掺40%的粉煤灰?因为掺20%或掺40%粉煤灰设计出的混凝土是两个混凝土。在确定混凝土类别的前提下,再对混凝土的5个参数进行有效设计。下面以掺20%或掺40%粉煤灰两个混凝土的配合比设计为例,看如何合理设计它们各自的5个参数?

由上述计算得:粉煤灰掺量设计为20%时,*W/B* 比相应设计为0.49;外加剂掺量设计为1.0%时,用水量相应设计为188 kg;合理砂率设计为40%。这样得到1 m^3混凝土各材料用量分别是:外加剂掺量:1.0%;用水量:188 kg;粉煤灰用量:77 kg;水泥用量:307 kg;砂用量:731 kg;石用量:1 097 kg。该混凝土胶凝材料总用量为384 kg。

同理,由上述计算得:粉煤灰掺量设计为40%时,*W/B* 比相应设计为0.38;外加剂掺量设计为1.0%时,用水量相应设计为188 kg;合理砂率还是设计为40%。这样得到1 m^3混凝土各材料用量分别是:外加剂掺量:1.0%;用水量:188 kg;粉煤灰用量:198 kg;水泥用量:297 kg;砂用量:687 kg;石用量:1 030 kg。该混凝土胶凝材料总用量高达495 kg。

虽然设计得到的掺40%粉煤灰与掺20%粉煤灰两个混凝土的强度和工

作性能都能满足设计指标要求,但它们的体积稳定性和施工质量控制难易程度却有很大差别。因此,掺40%粉煤灰混凝土的5个参数如此设计就很不合理。如果将其5个参数设计成这样:粉煤灰掺40%,*W/B*比相应为0.38;这时外加剂掺量设计为1.5%(对应减水率为32%),用水量相应为160 kg;合理砂率设计为40%。这样得到1 m^3混凝土各材料用量分别是:外加剂掺量:1.5%;用水量:160 kg;粉煤灰用量:168 kg;水泥用量:253 kg;砂用量:728 kg;石用量:1 091 kg。该混凝土胶凝材料总用量降到421 kg。这5个参数就比之前的5个参数设计的更加合理,混凝土的体积稳定性和施工质量控制难易程度均有一定程度的改善。

另外,混凝土配合比设计也是最佳配合比设计。最佳的含义应该是,结合当地材料来源,对混凝土的5个参数进行合理匹配,以保证设计得到的混凝土性能指标满足设计要求。因此,混凝土配合比的设计目标是设计选定类别混凝土的5个参数最佳值。

第四节　混凝土配合比的表示形式

技术人员对混凝土配合比的表示形式一般理解为以下2种形式:

(1)水泥用量:307 kg/m^3;粉煤灰用量:77 kg/m^3;砂用量:731 kg/m^3;石用量:1 097 kg/m^3;用水量:188 kg/m^3;外加剂掺量:1.0%;

(2)C∶FA∶S∶G∶W∶外加剂=1∶0.25∶2.38∶3.57∶0.61∶0.012 5,其中水泥用量为307 kg/m^3。

这2种配合比表示形式都表达了同一个混凝土,其强度等级为C30、坍落度为200 mm。表示形式(1)表达了1 m^3混凝土中各材料用量的绝对值。这种表示形式便于施工技术人员准确称量。表示形式(2)在过去不掺矿物掺和料的情况下,通过其*W/C*比可以准确判断混凝土强度的保证率。现在广泛使用矿物掺和料的情况下,表达形式(2)已失去了以往的物理意义,不再具有任何参考价值。

此外,混凝土配合比除了上述2种表示形式外,还有第3种表示形式。

即,5 个参数表示法:粉煤灰:20%;*W/B* 比:0.49;外加剂:1.0%;用水量:188 kg/m³;合理砂率:40%。该形式所表达的混凝土与前 2 种形式表达的混凝土为同一个混凝土。以该形式表示混凝土,具有以下 3 个优点:

1)一眼就可以看出配合比设计时,5 个参数的设计匹配是否合理;

2)通过 *W/B* 比可以准确判断混凝土强度的保证率;

3)通过用水量可以准确判断混凝土现场施工质量控制的难易程度。

混凝土配合比设计更多是依靠自己的经验。经验是什么?经验就是大量积累各种情况下混凝土配合比设计时 5 个参数是如何最佳设计的。看得多了,记得多了,不知不觉中就成为了混凝土配合比设计高手。

第五节 混凝土配合比的设计过程

前面已经阐明了"设计"的本质就是"想法"。设计的目标就是对混凝土的 5 个参数进行合理设计。下面还是以强度等级 C30、坍落度 200 mm 的混凝土配合比设计为例,对配合比的设计过程进行分析。

面对混凝土的性能指标要求,技术人员结合实际使用的原材料特性,开始了各种设想。如前所述,假如设计出来的 5 个参数为:粉煤灰:20%;*W/B* 比:0.49;外加剂:1.0%;用水量:188 kg/m³;合理砂率:40%。这 5 个参数此时仅仅是头脑中的一个想法,对不对尚需试验验证。接下来,称20 L料进行混凝土试拌验证工作。如果试拌后实测的混凝土坍落度值为160 mm,说明前面对用水量或外加剂掺量的取值想法不合理。这就需要对用水量或外加剂掺量进行再设计,如将用水量调整为 192 kg/m³。这样就等于重新设计了 5 个参数:即,粉煤灰:20%;*W*/B 比:0.49;外加剂:1.0%;用水量:192 kg/m³;合理砂率:40%。再称 20 L 料对这一新想法进行试验验证。如果混凝土坍落度值还是达不到设计要求,就需要再次调整设计想法,直至找到能满足混凝土坍落度设计要求的用水量或外加剂掺量。在混凝土工作性能配合比设计过程中,为什么需要对用水量或外加剂掺量进行多次设计修正呢?因为,在设计用水量或外加剂掺量时,可能存在对含泥量、针片状含量、粗细骨料级配、粉煤灰需水量比、水泥标准稠度用水量、外加剂减水率等参数的估计值误差。同理,在混凝土强度配合比设计过程中,也存在对影响混凝土强度的因素,如水泥强度富余系数、粉煤灰活性指数、含泥量、针片状含量、含气量等的估计值与实际值不一致的认识误差,导致需要多次调整 W/B 比设计值。

通过对上述混凝土配合比设计过程的分析,有人得出混凝土最终配合比是由做试验做出来的这一结论。这样的结论对吗?肯定不对。假如混凝土最终配合比是由做试验做出来的,在第一次调整用水量或外加剂掺量时,如果决定对用水量或外加剂掺量不做调整,只通过做试验将混凝土工作性能做出来,即使再做 100 遍试验,混凝土坍落度肯定还是 160 mm。因此,试验在混凝土配合比设计过程中只起到验证想法是否正确的目的。既然混凝土配合比不是由做试验做出来的,必然是想出来的。在对 5 个参数设计如何取值时,如果将影响混凝土工作性能的各因素均考虑全面,并作出正确假设,这样设计出的用水量或外加剂掺量就八九不离十了。同理,在进行混凝土强度配合比设计过程中,如果将影响混凝土强度的各因素都考虑全面,并作出正确估计,这样找到最终 W/B 比的机会也会大大提高。

混凝土配合比设计过程中,想法或经验应该是首要的。只有想法正确,配合比设计工作才会变得简单明了。如果本末倒置,配合比设计工作将变得异常艰难。不过,在配合比设计过程中能正确判断混凝土工作性能状态的好坏也是一个重要技术环节。只有学会了“看灰”(对混凝土工作性能的好坏进行准确判断),才算真正掌握了混凝土配合比设计技术,具备能独立开展混凝土配合比设计的能力。因此,混凝土配合比的设计过程应该是:一想(想 5 个参数如何取值)、二看(看试拌后混凝土状态的好坏)、三确定(确定 5 个参数的最佳值)。

第六节　混凝土质量控制的本质

混凝土质量控制的本质就是保持混凝土性能的相对稳定性,以保证现场混凝土的浇筑工艺顺利实施,不堵泵、不离析、不泌水、正常凝结硬化,混凝土硬化后少见裂缝、强度评定合格、相关耐久性指标检测值满足设计要求。因此,混凝土质量控制就是要保持混凝土性能的相对稳定,实现浇筑顺利和验收达标。

实际施工过程中,混凝土的性能指标要做到自始至终保持相对稳定,这点很难。有些人一遇到混凝土的性能出现大的波动就无所适从,找不到问题出现的真正原因及有效解决办法。要做到真正游刃有余对混凝土性能进行稳定性控制,需要技术人员具备系统的知识,具体表现为:

(1)对混凝土各种性能的正确理解:只有明白了混凝土的结构、组成与性能的关系,才能深入理解各因素对混凝土性能的影响规律。混凝土某一性能出现不正常的波动,原因肯定是影响该性能的各因素原有匹配关系发生变化,这时就需要对混凝土的5个参数进行再调整。这方面的知识将在后续章节——现代混凝土配合比设计的基础知识部分详细讲解。

(2)对混凝土原材料的正确认识:只要控制好相对稳定的原材料,混凝土性能的稳定性才能得到可靠保证。原材料的质量稳定性控制又谈何容易?原材料质量波动是施工过程中普遍存在的现实问题。只有对混凝土原材料正确认识,才能在施工过程中对原材料性能指标出现波动的原因作出合理判断,进而找到解决混凝土性能波动性的技术措施。关于混凝土原材料的知识,将在后续章节——原材料质量控制新技术部分详细讲解。

(3)对混凝土配合比的正确认识:有些人从规范出发,在施工过程中对混凝土的配合比一点都不敢作出调整。其实从前面分析中,我们已经明白了混凝土配合比设计的目标就是得到匹配合理的5个参数。施工过程中,混凝土原材料出现质量波动是必然的,因此混凝土配合比设计确定的5个参数也应该随势而动。实际施工过程中,混凝土配合比应根据实际性能的状态及时进行调整,这是控制混凝土性能稳定性的关键技术手段。关于混凝土配合比设计的知识,将在后续章节——现代混凝土配合比设计新技术部分详细讲解。

第二章

《普通混凝土配合比设计规程》新解析

对待《普通混凝土配合比设计规程》JGJ 55 的态度,国内学者持两种观念:支持与反对。反对者反对的理由是国内各地原材料差异性大,不可能都统一按照《普通混凝土配合比设计规程》JGJ 55 规定的要求来设计混凝土配合比;支持者支持的理由是指定一套统一的原材料,制订以该套原材料为基础的《普通混凝土配合比设计规程》JGJ 55,告诉技术人员混凝土强度配合比设计是如何进行的?以及混凝土工作性能配合比设计又是如何进行的?只有明白了混凝土强度和工作性能配合比的设计道理,技术人员才能在实际工作中依据实际使用的原材料独立开展配合比设计工作。因此,下面以强度 C30、坍落度 200 mm 的混凝土配合比设计为例,解析规程是如何开展强度等级 C30 强度配合比设计的。以及对坍落度 200 mm 的混凝土,工作性能配合比设计又是如何进行的。通过解析,弄清楚《普通混凝土配合比设计规程》JGJ 55 对实际工程中混凝土配合比设计有哪些指导作用及存在怎样的不足?以期对规程有一个正确的理解和认识。

首先要明白,《普通混凝土配合比设计规程》JGJ 55 指定标准用原材料为:P · O 42.5 水泥;Ⅰ级或Ⅱ级粉煤灰;S75、S95 或 S105 矿渣粉;砂石料均为干净、无有害杂质、级配好的天然砂和石;减水剂的减水率自行决定;水为干净地下水。以此原材料为基础,规程开展了混凝土强度和工作性能两方面的配合比设计工作。

第一节 规程对混凝土强度配合比设计的指导作用与不足

一、规程对混凝土强度配合比设计的指导作用

现以强度等级 C30 混凝土的强度配合比设计为例，看规程是如何用标准原材料来对混凝土强度进行配合比设计的。

(1)混凝土配制强度的确定

规程规定以满足95%保证率的混凝土强度值作为配制强度的设计取值依据。当混凝土设计强度等级<C60时，配制强度设计取值按式(2-1)计算：

$$f_{cu,0} \geqslant f_{cu,k} + 1.645\sigma \tag{2-1}$$

式中 $f_{cu,0}$——混凝土配制强度，MPa；

$f_{cu,k}$——混凝土设计强度等级值，MPa；

σ——混凝土强度标准差，MPa。

当混凝土设计强度等级≥C60时，配制强度设计取值按式(2-2)计算：

$$f_{cu,0} \geqslant 1.15 f_{cu,k} \tag{2-2}$$

式中 $f_{cu,0}$——混凝土配制强度，MPa；

$f_{cu,k}$——混凝土设计强度等级值，MPa。

其中，混凝土强度标准差应按下列规定确定：

1)当具有近1个月~3个月的同一品种、同一强度等级混凝土的强度资料，且试件组数不少于30组，其混凝土强度标准差 σ 应按式(2-3)计算：

$$\sigma = \sqrt{\frac{\sum_{i=1}^{n} f_{cu,i}^{2} - n m_{fcu}^{2}}{n-1}} \tag{2-3}$$

式中 σ——混凝土强度标准差，MPa；

$f_{cu,i}$——第 i 组试件的强度，MPa；

m_{fcu}——n 组试件的强度平均值，MPa；

n——试件组数。

对强度等级不大于 C30 的混凝土,当混凝土强度标准差计算值不小于 3.0 MPa 时,应按公式(2-3)计算结果取值;当混凝土强度标准差计算值小于 3.0 MPa 时,应取 3.0 MPa。

对强度等级大于 C30 且小于 C60 的混凝土,当混凝土强度标准差计算值不小于 4.0 MPa 时,应按公式(2-3)计算结果取值;当混凝土强度标准差计算值小于 4.0 MPa 时,应取 4.0 MPa。

2)当没有近期的同一品种、同一强度等级混凝土的强度资料时,其强度标准差 σ 可按表 2-1 取值。

表 2-1　标准差 σ 经验值

混凝土强度等级	≤C20	C25~C45	C50~C55
标准差 σ(MPa)	4.0	5.0	6.0

因此,C30 强度等级混凝土的配制强度按公式(2-1)设计取值为:

$$f_{cu,0} \geqslant f_{cu,k} + 1.645\sigma \geqslant 30 + 1.645 \times 5.0 \geqslant 38.2\ \text{MPa}$$

(2)水胶比(W/B)的确定

要设计出强度值不低于 38.2 MPa 的混凝土,水胶比又如何设计取值呢?规程中给出了一个经验公式,供设计 W/B 比时参考,见式(2-4):

$$W/B = \frac{\alpha_a \gamma_f \gamma_s f_{ce}}{f_{cu,0} + \alpha_a \alpha_b \gamma_f \gamma_s f_{ce}} \tag{2-4}$$

式中　W/B——混凝土水胶比;

α_a、α_b——回归系数,按表 2-2 规定取值;

γ_f、γ_s——粉煤灰影响系数和矿渣粉影响系数,按表 2-3 规定取值;

f_{ce}——水泥 28 d 抗压强度实测值,也可按下式规定取值,MPa。

$$f_{ce} = \gamma_c f_{ce,g} \tag{2-5}$$

式中　f_{ce}——水泥 28 d 抗压强度实测值,MPa;

γ_c——水泥强度等级值的富余系数,按表 2-4 规定取值;

$f_{ce,g}$——水泥强度等级值,MPa。

表 2-2 回归系数(α_a、α_b)取值表

粗骨料品种 / 系数	碎石	卵石
α_a	0.53	0.49
α_b	0.20	0.13

表 2-3 粉煤灰和矿渣粉影响系数取值表

种类 / 掺量(%)	粉煤灰影响系数 γ_f	矿渣粉影响系数 γ_s
0	1.00	1.00
10	0.85~0.95	1.00
20	0.75~0.85	0.95~1.00
30	0.65~0.75	0.90~1.00
40	0.55~0.65	0.80~0.90
50	—	0.70~0.85

注:1)采用Ⅰ级、Ⅱ级粉煤灰宜取上限值;

2)采用S75级矿渣粉宜取下限值,S95级矿渣粉宜取上限值,S105级矿渣粉宜取上限值加0.05;

3)超出本表掺量时,它们的影响系数应由试验确定。

表 2-4 水泥强度等级值的富余系数(γ_c)

水泥强度等级值	32.5	42.5	52.5
富余系数 γ_c	1.12	1.16	1.10

因此,假定当混凝土配合比设计为不掺矿物掺和料的条件时,W/B 比的设计取值为:

$$W/B=\frac{\alpha_a f_{ce}}{f_{cu,0}+\alpha_a\alpha_b f_{ce}}=\frac{0.53\times1.16\times42.5}{38.2+0.53\times0.20\times1.16\times42.5}=0.60$$

假定当混凝土配合比设计为掺20%Ⅰ级粉煤灰的条件时,W/B 比的设计取值变为:

$$W/B=\frac{\alpha_a\gamma_f f_{ce}}{f_{cu,0}+\alpha_a\alpha_b\gamma_f f_{ce}}=\frac{0.53\times0.85\times1.16\times42.5}{38.2+0.53\times0.20\times0.85\times1.16\times42.5}=0.52$$

假定当混凝土配合比设计为掺40% Ⅰ级粉煤灰的条件时，*W/B* 比的设计取值又相应为：

$$W/B = \frac{\alpha_a \gamma_f f_{ce}}{f_{cu,0} + \alpha_a \alpha_b \gamma_f f_{ce}} = \frac{0.53 \times 0.65 \times 1.16 \times 42.5}{38.2 + 0.53 \times 0.20 \times 0.65 \times 1.16 \times 42.5} = 0.41$$

上述是以掺粉煤灰混凝土配合比设计为例。当其他条件不变，只有粉煤灰的掺量发生改变，对应条件下的 *W/B* 比是如何设计的。当粉煤灰掺量分别为0%、20%和40%三种条件时，对应条件下的 *W/B* 比分别为0.60、0.52和0.41。从中可以看出，规程阐述了一个混凝土强度配合比设计的基本道理：混凝土强度配合比设计的本质就是寻找对应条件下的 *W/B* 比。如果将混凝土设计成掺矿渣粉的混凝土，*W/B* 比又如何设计呢？规程中同时规定了相应矿渣粉掺量时的影响系数值，只要将规定矿渣粉掺量对应的影响系数代入公式(2-4)，也能找到满足配制强度要求对应条件下的 *W/B* 比。

因此，制订《普通混凝土配合比设计规程》的指导作用之一是：如何开展混凝土强度的配合比设计？规程规定混凝土强度配合比设计的本质就是寻找对应条件下的 *W/B* 比。实际条件一旦发生变化，*W/B* 比应该同时进行相应调整。*W/B* 比可以按照规程中提供的 *W/B* 比经验公式来寻找，也可以不参考规程中经验公式而凭借自己的实际经验来确定。

另外，规程还对C15以上强度等级混凝土的最小胶凝材料用量和最大矿物掺和料掺量作出了指导性规定，见表2-5、表2-6和表2-7。这些规定有助于配合比设计时，对其合理使用。

表2-5　混凝土的最小胶凝材料用量

最大水胶比	最小胶凝材料用量(kg/m^3)		
	素混凝土	钢筋混凝土	预应力混凝土
0.60	250	280	300
0.55	280	300	300
0.50	320		
≤0.45	330		

表 2-6 钢筋混凝土中矿物掺和料最大掺量

矿物掺和料种类	水胶比	最大掺量(%)	
		硅酸盐水泥	普通硅酸盐水泥
粉煤灰	≤0.40	45	35
	>0.40	40	30
磨细矿渣粉	≤0.40	65	55
	>0.40	55	45
钢渣粉	—	30	20
磷渣粉	—	30	20
硅灰	—	10	10
复合掺和料	≤0.40	65	55
	>0.40	55	45

注:1)复合矿物掺和料各组分的掺量不宜超过单掺时的最大掺量;

2)在混合使用两种或两种以上矿物掺和料时,矿物掺和料总掺量应符合表中复合掺和料的规定。

表 2-7 预应力混凝土中矿物掺和料最大掺量

矿物掺和料种类	水胶比	最大掺量(%)	
		硅酸盐水泥	普通硅酸盐水泥
粉煤灰	≤0.40	35	30
	>0.40	25	20
磨细矿渣粉	≤0.40	55	45
	>0.40	45	35
钢渣粉	—	20	10
磷渣粉	—	20	10
硅灰	—	10	10
复合掺和料	≤0.40	55	45
	>0.40	45	35

注:1)复合矿物掺和料各组分的掺量不宜超过单掺时的最大掺量;

2)在混合使用两种或两种以上矿物掺和料时,矿物掺和料总掺量应符合表中复合掺和料的规定。

二、规程指导实际工程中混凝土强度配合比设计存在的不足

实际工程中,技术人员发现用实际使用的原材料设计掺40%粉煤灰的混凝土时,如果按规程公式计算得到的 W/B 比0.41试拌混凝土并做强度试验,混凝土的实测强度值往往低于38.2 MPa。为什么会出现这样的结果呢?原来,规程中的 W/B 比经验公式(2-4)只有在标准原材料这一特定条件下才适用。一旦实际条件超出其适用范围,该经验公式就需要进行有效的修正。

前面分析规程按经验公式设计混凝土强度之前,已经表明规程是以标准原材料来开展混凝土强度配合比设计工作的。标准用原材料的最大特点就是干净,无杂质,品质优良。实际工程中使用的原材料一般情况下都要比规程用标准原材料质量差一些,如实际用的粉煤灰可能是Ⅲ级或以下品质的粉煤灰,矿渣粉可能是S75级或以下品质的矿渣粉。如果实际用原材料为Ⅲ级或以下品质的粉煤灰,按照规程 W/B 比经验公式设计 W/B 比时就应该使用Ⅲ级或以下品质粉煤灰的影响系数,而规程没有给出其参考值。这样按规程中Ⅰ级或Ⅱ级粉煤灰影响系数代入公式计算出来的就只能是Ⅰ级或Ⅱ级粉煤灰条件下的 W/B 比,而非Ⅲ级或以下品质粉煤灰条件的 W/B 比,从而导致计算出来的要比Ⅲ级或以下品质粉煤灰对应条件的实际 W/B 比偏大一些,进而导致设计出来的混凝土强度偏低。虽然规程没有对Ⅲ级或以下品质粉煤灰的影响系数作出规定,但其客观上是存在的,配合比设计时应该通过试验来确定。

同理,实际工程中砂石料一般都含有一定的泥和泥块,石子中也存在针片状颗粒,混凝土中也有一定的含气量。这些因素发生变化也会对混凝土的强度有一定的影响。规程设计混凝土强度配合比时,假定标准原材料是干净的,不存在这些影响因素,故没有给出它们的影响系数规定值。这样就出现按照规程 W/B 比经验公式设计混凝土强度时,造成设计出来的 W/B 比值要比实际条件的 W/B 比偏大一些,导致设计出的混凝土强度偏低。因此,《普通混凝土配合比设计规程》提供的

W/B比经验公式只能在标准材料理想条件下使用,并不能直接用来指导实际工程中混凝土强度的配合比设计工作。针对实际工程中砂石料的泥和泥块含量、石子的针片状颗粒含量、混凝土的含气量等因素影响混凝土强度时,设计混凝土强度配合比时应该考虑它们对 W/B 比的影响,代入它们的影响系数值对规程中 W/B 比经验公式进行修正。这样才能找到与实际条件对应的 W/B 比真实值,进而保证准确设计出混凝土的强度值。

关于实际工程条件中的 W/B 比到底应该如何设计? 该问题将在本书后续章节——现代混凝土强度配合比设计的基础知识和现代混凝土强度配合比设计新技术中进行详细讲解。

第二节 规程对混凝土工作性能配合比设计的指导作用与不足

一、规程对混凝土工作性能配合比设计的指导作用

以坍落度 200 mm 的混凝土工作性能配合比设计为例,看规程是如何用标准原材料来对混凝土的工作性能进行配合比设计的。

(1)不掺外加剂时用水量的设计

规程规定了干硬性混凝土和塑性混凝土开展工作性能设计时用水量的经验取值,见表 2-8 和表 2-9。若砂为河砂、中砂,石为 5~31.5 mm 碎石,设计坍落度 200 mm 的混凝土时,查表 2-9 得到 1 m^3混凝土的用水量经验值为 235 kg。

表 2-8 干硬性混凝土的用水量(kg/m^3)

拌和物稠度		卵石最大公称粒径(mm)			碎石最大公称粒径(mm)		
项目	指标	10.0	20.0	40.0	16.0	20.0	40.0
维勃稠度(s)	16~20	175	160	145	180	170	155
	11~15	180	165	150	185	175	160
	5~10	185	170	155	190	180	165

表 2-9　塑性混凝土的用水量(kg/m^3)

拌和物稠度		卵石最大公称粒径(mm)				碎石最大公称粒径(mm)			
项目	指标	10.0	20.0	31.5	40.0	16.0	20.0	31.5	40.0
坍落度(mm)	10~30	190	170	160	150	200	185	175	165
	35~50	200	180	170	160	210	195	185	175
	55~70	210	190	180	170	220	205	195	185
	75~90	215	195	185	175	230	215	205	195

注:1)本表用水量是采用中砂时的取值。采用细砂时,每立方米混凝土用水量可增加 5~10 kg;采用粗砂时,可减少 5~10 kg。

2)以本表中 90 mm 坍落度的用水量为基础,按每增大 20 mm 坍落度相应增加 5 kg 用水量来计算坍落度大于 90 mm 的用水量。

3)掺用矿物掺和料和外加剂时,用水量应相应调整。

(2)掺外加剂时用水量的设计

掺外加剂的条件下,规程中给出了该条件下用水量的计算公式:

$$m_{w0} = m'_{w0}(1-\beta) \tag{2-6}$$

式中　m_{w0}——计算配合比每立方米混凝土的用水量,kg/m^3;

m'_{w0}——未掺外加剂时推定的满足实际坍落度要求的每立方米混凝土用水量,kg/m^3;

β——外加剂的减水率,应经混凝土试验确定,%。

若设计外加剂掺量 1.0%减水率为 20%时,对应 1 m^{3}混凝土中的用水量为:

$$m_{w0} = m'_{w0}(1-\beta) = 235 \times (1-20\%) = 235 \times 0.8 = 188\ \text{kg}$$

因此,制订《普通混凝土配合比设计规程》的指导作用之二是:如何开展混凝土的工作性能配合比设计?规程规定混凝土工作性能配合比设计的本质就是寻找对应条件下的用水量。一旦条件发生变化,用水量应该相应进行调整。用水量可以按照规程中提供的用水量经验值来寻找,也可以不参考规程中的经验值而凭借自己的实际经验来确定。

二、规程指导实际工程中混凝土工作性能配合比设计存在的不足

在实际工程中，技术人员发现用实际使用的原材料设计坍落度200 mm的混凝土时，如果按照规程经验用水量188 kg试拌混凝土，实测的混凝土坍落度值往往比200 mm小一些。结果为什么会如此呢？

前面分析规程设计混凝土工作性能之前，已表明规程是以标准原材料来开展混凝土工作性能配合比设计工作的。标准用原材料的最大特点是干净，无杂质，品质优良。实际工程中使用的原材料一般情况下都要比规程用标准原材料质量差一些，如实际用粉煤灰的需水量比偏高，矿渣粉的流动度比偏低，砂石料一般都含一定量的泥和泥块，石子中也存在针片状颗粒，混凝土中也有一定的含气量。这些因素发生变化也会对混凝土工作性能产生一定的影响，进而影响实际用水量。规程设计混凝土工作性能是假定标准原材料干净，不存在这些影响因素，故没有给出它们的影响系数规定值。这样就出现按照规程用水量经验值设计混凝土工作性能时，造成设计出来的比实际条件对应的用水量偏小一些，导致设计出的混凝土工作性能偏低。因此，《普通混凝土配合比设计规程》提供的用水量经验值只能在理想条件下使用，并不能直接用来指导实际工程中混凝土工作性能的配合比设计工作。针对实际工程中粉煤灰的需水量比偏高、矿渣粉的流动度比偏低、砂石料一定的泥和泥块含量、石子的针片状颗粒含量、混凝土的含气量等因素影响混凝土工作性能时，在设计混凝土工作性能配合比时应该考虑它们对用水量的影响，代入它们的影响系数值对规程用水量经验值进行修正。这样才能找到实际条件下的真实用水量，保证准确设计出混凝土的工作性能。

关于实际工程条件下用水量到底如何设计？该问题将在本书后续章节——现代混凝土工作性能配合比设计的基础知识和现代混凝土工作性能配合比设计新技术中进行详细讲解。

第三节 规程对混凝土配合比设计合理砂率的规定

前面按规程规定分别对混凝土的强度和工作性能进行了配合比设计。

由混凝土强度配合比设计得到两个参数：矿物掺和料品种及掺量和 W/B 比；由混凝土工作性能配合比设计又得到两个参数：外加剂品种及掺量和单位用水量。此时，混凝土配合比设计工作还没完成，因为 1 m^3 混凝土中砂石料各自用量尚未确定。如混凝土设计为掺 20% Ⅰ级粉煤灰，对应 W/B 比取值 0.52，外加剂掺 1.0%减水率为 20%时，单位用水量取值 188 kg。4 个参数的设计取值只能确定 1 m^3 混凝土中粉煤灰、水泥、单位用水量和外加剂的用量，分别是：单位用水量为 188 kg、胶凝材料按公式（2-7）计算为 362 kg、矿物掺和料粉煤灰按公式（2-8）计算为 72 kg、水泥按公式（2-9）计算为 290 kg、外加剂按公式（2-10）计算为 3.62 kg。砂石料用量如何确定呢？要确定砂石用量还需要设计确定一个参数，即合理砂率值。规程接下来就规定了一个合理砂率取值经验范围，见表 2-10。

$$m_{b0} = \frac{m_{w0}}{W/B} \tag{2-7}$$

式中 m_{b0}——计算配合比每立方米混凝土中胶凝材料用量，kg/m^3；

m_{w0}——计算配合比每立方米混凝土的用水量，kg/m^3；

W/B——混凝土水胶比。

$$m_{f0} = m_{b0}\beta_f \tag{2-8}$$

式中 m_{f0}——计算配合比每立方米混凝土中矿物掺和料用量，kg/m^3；

β_f——矿物掺和料掺量，%。

$$m_{c0} = m_{b0} - m_{f0} \tag{2-9}$$

式中 m_{c0}——计算配合比每立方米混凝土中水泥用量，kg/m^3；

m_{b0}——计算配合比每立方米混凝土中胶凝材料用量，kg/m^3；

m_{f0}——计算配合比每立方米混凝土中矿物掺和料用量，kg/m^3。

$$m_{a0} = m_{b0}\beta_a \tag{2-10}$$

式中 m_{a0}——计算配合比每立方米混凝土中外加剂用量，kg/m^3；

m_{b0}——计算配合比每立方米混凝土中胶凝材料用量，kg/m^3；

β_a——外加剂掺量，%。

表 2-10 混凝土的合理砂率(%)

水胶比	卵石最大公称粒径(mm)			碎石最大公称粒径(mm)		
	10.0	20.0	40.0	16.0	20.0	40.0
0.40	26~32	25~31	24~30	30~35	29~34	27~32
0.50	30~35	29~34	28~33	33~38	32~37	30~35
0.60	33~38	32~37	31~36	36~41	35~40	33~38
0.70	36~41	35~40	34~39	39~44	38~43	36~41

注:1)本表数值系中砂的选用砂率,对细砂或粗砂,可相应的减少或增大砂率;

2)采用人工砂配制混凝土时,砂率可适当增大;

3)只有一个单粒级粗骨料配制混凝土时,砂率应适当增大。

这里首先需要弄清楚一个概念。何为合理砂率?砂率是指混凝土中砂的质量占砂石总质量之比。砂率的变化会使粗细骨料的空隙率和总比表面积发生变化,从而对混凝土的工作性能产生明显影响。在胶凝材料浆体用量不变的情况下,砂率增大,胶凝材料浆体的用量就相对显得不足,进而会削弱胶凝材料浆体对砂子的润滑作用。过大的砂率会使混凝土的流动性降低,和易性变差。反之,如果砂率过小,又不能保证粗骨料颗粒之间有足够的砂浆层,会削弱砂浆对粗骨料的润滑作用,从而影响混凝土的黏聚性和保水性,易造成离析和泌水。砂率过大或过小都会使混凝土的工作性能变差,因此存在一个合理砂率值。合理砂率是指大小适宜的砂率。表现为采用合理砂率时,在用水量和胶凝材料用量一定的情况下,混凝土具有最大的流动性,同时还具有良好的黏聚性和保水性。或者说,采用合理砂率时,能使混凝土在满足所要求的流动性、黏聚性和保水性的情况下,所需用水量和胶凝材料用量最少。合理砂率只是相对合理,它会随着细度模数、粒径大小、级配好坏、泥和泥块含量、针片状含量及石粉含量的变化而变化。

表 2-10 规定的合理砂率经验取值范围只适用于非泵送混凝土用砂率取值参考。对于泵送混凝土用合理砂率值,规程单独作出了规定,宜为35%~45%。如本例砂率取值为40%,这样 1 m^3混凝土中砂石料的用量就可

以通过下列两种方法来确定。

(1)质量法确定砂石料用量

当采用质量法确定1 m³混凝土中砂石料用量时,规程中给出了计算公式,见公式(2-11)和公式(2-12)。

$$m_{f0}+m_{c0}+m_{g0}+m_{s0}+m_{w0}=m_{cp} \tag{2-11}$$

$$\beta_s=\frac{m_{s0}}{m_{g0}+m_{s0}}\times 100\% \tag{2-12}$$

式中 m_{g0}——计算配合比每立方米混凝土的粗骨料用量,kg/m³;

m_{s0}——计算配合比每立方米混凝土的细骨料用量,kg/m³;

β_s——砂率,%;

m_{cp}——每立方米混凝土拌和物的假定质量,可取2 350~2 450 kg/m³;

m_{f0}——计算配合比每立方米混凝土中矿物掺和料用量,kg/m³;

m_{c0}——计算配合比每立方米混凝土中水泥用量,kg/m³;

m_{w0}——计算配合比每立方米混凝土的用水量,kg/m³。

假定1 m³混凝土的质量为2 390 kg,代入公式(2-11)和公式(2-12)可计算出砂的用量为736 kg,石的用量为1 104 kg。

$$72+290+m_{g0}+m_{s0}+188=2\ 390$$

$$\frac{m_{s0}}{m_{g0}+m_{s0}}\times 100\%=40\%$$

(2)体积法确定砂石料用量

当采用体积法确定1 m³混凝土中砂石料用量时,规程中给出了计算公式,见公式(2-12)和公式(2-13)。

$$\frac{m_{c0}}{\rho_c}+\frac{m_{f0}}{\rho_f}+\frac{m_{g0}}{\rho_g}+\frac{m_{s0}}{\rho_s}+\frac{m_{w0}}{\rho_w}+0.01a=1 \tag{2-13}$$

式中 ρ_c——水泥的表观密度,可按现行国家标准《水泥密度测定方法》GB/T 208测定,也可取2 900~3 100 kg/m³;

ρ_f——矿物掺和料的表观密度,可按现行国家标准《水泥密度测定

方法》GB/T 208 测定,kg/m³;

ρ_g——粗骨料的表观密度,应按现行行业标准《普通混凝土用砂、石质量及检验方法标准》JGJ 52 测定,kg/m³;

ρ_s——细骨料的表观密度,应按现行行业标准《普通混凝土用砂、石质量及检验方法标准》JGJ 52 测定,kg/m³;

ρ_w——水的表观密度,可取 1 000 kg/m³;

a——混凝土的含气量百分数,在不使用引气剂或引气型外加剂时,可取 1。

假定设计混凝土用水泥的表观密度为 3 100 kg/m³、粉煤灰的表观密度为 2 200 kg/m³、粗骨料的表观密度为 2 650 kg/m³、细骨料的表观密度为 2 650 kg/m³、水的表观密度为 1 000 kg/m³、混凝土的含气量为 2%时,代入公式(2-12)和公式(2-13),计算出 1 m³ 混凝土砂的用量为 727 kg,石的用量为1 090 kg。

$$\frac{m_{s0}}{m_{g0}+m_{s0}}\times 100\%=40\%$$

$$\frac{290}{3\ 100}+\frac{72}{2\ 200}+\frac{m_{g0}}{2\ 650}+\frac{m_{s0}}{2\ 650}+\frac{188}{1\ 000}+0.02=1 \qquad (2\text{-}14)$$

采用上述两种方法计算出的砂石料在 1 m³混凝土中的用量不一致怎么办?该问题在实际工作中又衍生出另一个问题:到底是用质量法设计混凝土配合比准确呢?还是用体积法设计混凝土配合比准确?规程中明确规定,两种方法都可以用,都一样能准确获得 1 m³混凝土中砂石料的用量。关于两种设计方法设计出的砂石料用量不一致问题,最后可以通过乘以校正系数校正成一致。

第四节 混凝土配合比的试拌、调整与确定

一、混凝土配合比的试拌与调整

前面的配合比设计阶段只是完整地表达了一个想法。即,是准备将

混凝土的5个参数设计成掺20%Ⅰ级粉煤灰、对应 W/B 比取值0.52、外加剂掺1.0%减水率为20%、单位用水量取值188 kg和砂率取值40%呢？还是设计成掺40%Ⅰ级粉煤灰、对应 W/B 比取值0.41、外加剂掺1.0%减水率为20%、单位用水量取值188 kg和砂率取值40%？抑或是设计成其他？

接下来的配合比设计环节就进入了试验验证阶段，即对前面的设计想法进行正确与否验证。规程规定混凝土试拌时应采用强制式搅拌机进行搅拌，并应符合现行行业标准《混凝土试验用搅拌机》JG 244的规定，搅拌方法宜与施工采用的方法相同。试验室成型条件应符合现行国家标准《普通混凝土拌和物性能试验方法标准》GB/T 50080的规定。每盘混凝土试拌的最小搅拌量应符合表2-11的规定，并不应小于搅拌机公称容量的1/4且不应大于搅拌机公称容量。

表2-11　混凝土试配的最小搅拌量

粗骨料最大公称粒径(mm)	拌和物数量(L)
≤31.5	20
40.0	25

(1)对混凝土工作性能设计进行试拌验证

混凝土工作性能试拌的目的是对设计的单位用水量进行准确性判断。假如想法是将5个参数设计成掺20%Ⅰ级粉煤灰、对应 W/B 比取值0.52、外加剂掺1.0%减水率为20%、单位用水量取值188 kg、砂率取值40%。这5个参数确定的混凝土各材料用量是：水泥290 kg/m^3、粉煤灰72 kg/m^3、用水量188 kg/m^3、外加剂3.62 kg/m^3、砂736 kg/m^3、石1 104 kg/m^3。若搅拌20 L料时，混凝土的坍落度测试值为160 mm，表明前面5个参数设计的用水量不够准确，需要进行调整。

调整的本质是对用水量和对应条件进行重新设计。在保持 W/B 比不变的前提下，可以采取增加用水量的方式，或增加外加剂掺量的方式，或同时增加用水量和外加剂掺量的方式来进行。如果混凝土拌和物感觉较黏或较稀,也可以对砂率进行减少或增加来调整。如将5个参数调整设计成掺20% Ⅰ级粉煤灰、对应 *W/B* 比取值0.52、外加剂掺1.2%减水率为24%、单位用水量取值188 kg、砂率取值40%。新的5个参数确定的混凝土各材料用量是:水泥290 kg/m³、粉煤灰72 kg/m³、用水量188 kg/m³、外加剂4.34 kg/m³、砂736 kg/m³、石1 104 kg/m³。对这新的5个参数确定的混凝土再进行试拌验证。假如试拌测试的混凝土坍落度值还不能满足混凝土坍落度设计的要求,就需要继续对5个参数进行调整设计,直到找到对应条件下的准确用水量为止。

混凝土工作性能试拌验证的关键技术,要求必须会"看灰"。从混凝土的流动性、黏聚性和保水性三个方面,对混凝土工作性能状态的好坏进行判断,判断其是否能保证现场施工浇筑工艺的顺利实施?

从混凝土试拌调整用水量、外加剂掺量或砂率的过程中看出,混凝土工作性能的配合比设计最终依靠的是自己的经验,而非单纯借助规程就能搞定。规程中给定的用水量值只是一个初始经验值,还需要根据实际使用的原材料特性,凭自己的经验重新寻找对应条件下的实际用水量。所以说,混凝土配合比设计最终是按自己的想法来完成的。但有一点需要明确,规程中给定一个初始经验用水量值供你设计时参考,对最终寻找到实际用水量是有一定帮助的。

(2)对混凝土强度设计进行试验验证

混凝土工作性能经试拌找到准确用水量后,接下来的设计环节就到了混凝土强度验证阶段。混凝土强度试验验证的目的是对设计的 *W/B* 比进行准确性判断。假如混凝土工作性能试拌确定的5个参数为:Ⅰ级粉煤灰掺量20%、对应 *W/B* 比取值0.52、外加剂掺1.2%减水率为24%、单位用水量取值188 kg、砂率取值40%。这5个参数确定的混凝土各材料用量是:水泥290 kg/m³、粉煤灰72 kg/m³、用水量188 kg/m³、外加剂4.34 kg/m³、砂736 kg/m³、石1 104 kg/m³。该混凝土强度值能满足配制强度设计值的要求吗?

为保证设计得到合理的混凝土强度值,规程规定应采用3个不同的 *W/B*

比进行混凝土强度验证。其中1个W/B比是先前假定的0.52,另外2个W/B比宜较假定W/B比分别增加和减少0.05,即为0.57和0.47。由于W/B比不同,混凝土的工作性能可能会有所改变。保持用水量固定不变,可通过砂率分别增加和降低1%的方式来调整。这样就得到另两组5个参数。一组为Ⅰ级粉煤灰掺量20%、W/B比取值0.57、外加剂掺1.2%减水率为24%、单位用水量取值188 kg、砂率取值41%。这5个参数确定的混凝土各材料用量是:水泥264 kg/m^3、粉煤灰66 kg/m^3、用水量188 kg/m^3、外加剂3.96 kg/m^3、砂768 kg/m^3、石1 104 kg/m^3。另一组为Ⅰ级粉煤灰掺量20%、W/B比取值0.47、外加剂掺1.2%减水率为24%、单位用水量取值188 kg、砂率取值39%。这5个参数确定的混凝土各材料用量是:水泥320 kg/m^3、粉煤灰80 kg/m^3、用水量188 kg/m^3、外加剂4.8 kg/m^3、砂702 kg/m^3、石1 100 kg/m^3。

在进行混凝土强度试验验证时,必须保证混凝土的工作性能不变,也就是说混凝土的工作性能必须符合设计和施工要求。进行混凝土强度验证阶段,每个配合比应至少制作成型一组试件,并应标准养护到28 d或设计规定龄期时进行抗压强度试验。

二、混凝土配合比的确定

依据前面3个不同W/B比确定的混凝土强度试验结果,绘制强度与胶水比的线性关系图,用插值法确定略大于配制强度对应的W/B比。在试拌混凝土的基础上,用水量和外加剂掺量应该根据最终确定的W/B比进行相应调整,从而确定最终用水量和外加剂掺量。这样就确定了最终的5个参数设计值,完成了混凝土配合比设计工作。

从混凝土强度验证试验寻找W/B比的过程中看出,混凝土强度的配合比设计最终依靠的是自己的经验,并非单纯借助规程就能确定。规程中给定的W/B比值也只是一个初始经验值,还需要根据实际使用的原材料特性,凭自己的经验重新寻找对应条件下的W/B比。所以说,混凝土配合比设计最终是按自己的想法来完成的。但有一点需要明确,规程中给定一个

初始经验 W/B 比值供你设计时参考,对最终寻找到实际 W/B 比是有一定帮助的。

在混凝土配合比设计过程中,想法或经验自始至终都应该是首要的。只有想法正确,混凝土配合比设计工作才会简单明了。不过只有好的想法,而不具备对混凝土工作性能状态好坏判断的能力,混凝土配合比设计工作也是不可能完成的。因此,在混凝土配合比设计过程中,应该时刻遵循1想(想5个参数如何取值)、2看(看试拌后混凝土状态的好坏)、3确定(确定5个参数的最佳值)的设计原则。

第五节 关于《普通混凝土配合比设计规程》的几点探讨

一、关于混凝土校正系数的探讨

由前面分析得知,在确定砂石料用量时,可分别采用质量法或体积法来确定。假如最终设计确定的C30、坍落度200 mm的混凝土配合比各材料用量为:水泥290 kg/m^3、粉煤灰72 kg/m^3、用水量188 kg/m^3、外加剂4.34 kg/m^3、砂736 kg/m^3、石1 104 kg/m^3。代入公式(2-14)计算,得到混凝土拌和物的计算表观密度为2 390 kg/m^3。通过试拌,获得的混凝土拌和物实际表观密度,假定为2 340 kg/m^3。这样就出现了一个实际生产过程中混凝土方量不准确的技术问题。因为,混凝土的质量为2 340 kg时就已经是1 m^{3}了,却要按2 390 kg来生产,生产的结果是1.021 m^3。这样会造成卖方存在混凝土亏方现象。假定试拌获得的混凝土拌和物实际表观密度为2 440 kg/m^3,按计算表观密度2 390 kg/m^{3}来生产混凝土,又会造成买方存在混凝土亏方现象。

$$\rho_{c,c} = m_c + m_f + m_g + m_s + m_w \tag{2-15}$$

式中 $\rho_{c,c}$——混凝土拌和物的表观密度计算值,kg/m^3;

m_c——每立方米混凝土的水泥用量,kg/m^3;

m_f——每立方米混凝土的矿物掺和料用量,kg/m^3;

m_g——每立方米混凝土的粗骨料用量,kg/m^3;

m_s——每立方米混凝土的细骨料用量,kg/m^3;

m_w——每立方米混凝土的用水量,kg/m^3。

为了买卖公平,互不亏方。规程中提出了采用混凝土配合比校正系数的方法来修正,见公式(2-16)。规程规定当混凝土拌和物实际表观密度与计算表观密度之差的绝对值不超过计算表观密度的 2%时,混凝土配合比可维持不变;当二者之差超过计算表观密度的 2%时,应将配合比中每项材料用量均乘以校正系数(δ)对混凝土方量加以修正。

$$\delta = \frac{\rho_{c,t}}{\rho_{c,c}} \tag{2-16}$$

式中 δ——混凝土配合比校正系数;

$\rho_{c,t}$——混凝土拌和物的表观密度实测值,kg/m^3。

如混凝土拌和物计算表观密度为 2 390 kg/m^3,实际表观密度为 2 340 kg/m^3,校正系数为 0. 979,二者之差超过计算表观密度的 2%,因此需要将原配合比中每项材料用量乘以校正系数。原混凝土配合比为:水泥 290 kg/m^3、粉煤灰 72 kg/m^3、用水量 188 kg/m^3、外加剂 4. 34 kg/m^3、砂 736 kg/m^3、石 1 104 kg/m^3。乘以校正系数 0. 979,修正后的混凝土配合比为:水泥 284 kg/m^3、粉煤灰 70 kg/m^3、用水量 184 kg/m^3、外加剂 4. 25 kg/m^3、砂 721 kg/m^3、石 1 081 kg/m^3。

这样一来,一些技术人员又产生了一个技术困惑。乘校正系数之前与乘校正系数之后,是不是混凝土的配合比发生了改变呢?其实混凝土配合比没有变化,因为混凝土各项材料用量的比例关系没有变,只是混凝土每次搅拌时搅拌方量有所调整。

二、关于粉煤灰超量取代系数的探讨

混凝土配合比设计时,粉煤灰取代水泥有等量取代法和超量取代法两种方法。如采用超量取代法,粉煤灰的超量系数按表 2-12 规定取值。现举例对粉煤灰等量取代法和超量取代法进行对比分析。

表 2-12 粉煤灰的超量系数

粉煤灰等级	超量系数
Ⅰ级	1.1~1.4
Ⅱ级	1.3~1.7
Ⅲ级	1.5~2.0

注:混凝土强度为 C25 以下时取上限,C25 以上时取下限。

例 2-1:处于严寒地区受冻部位的钢筋混凝土,其设计强度等级为 C25,施工要求的坍落度为 35~50 mm,采用机械搅拌和机械振动成型。施工单位无历史统计资料。原材料为:P·O 42.5 水泥,富余系数 1.13,密度 3.0 g/cm³;粉煤灰为Ⅱ级,密度 2.3 g/cm³;级配合格的中砂(细度模数 3.0,表观密度 2.65 g/cm³);级配合格的碎石(最大粒径为 31.5 mm,表观密度 2.70 g/cm³);地下水。

(1)粉煤灰等量取代法设计混凝土配合比:

假定粉煤灰等量取代 20%,砂率取值 35%。按《普通混凝土配合比设计规程》体积法设计出的基准混凝土为:水泥 262 kg/m³、粉煤灰 65 kg/m³、砂 656 kg/m³、石 1 219 kg/m³、用水量 180 kg/m³。

(2)粉煤灰超量取代法设计混凝土配合比:

1)超量取代法设计混凝土配合比的步骤为:

①以等量取代法确定的混凝土配合比为基准配合比;

②按表 2-12 规定选用超量系数 δ_c;

③超量取代的粉煤灰总量 m'_{f0},按式(2-17)计算:

$$m'_{f0} = m_{c0} \cdot \beta_c \cdot \delta_c \tag{2-17}$$

式中 m'_{f0}——超量取代的粉煤灰总量,kg;

m_{c0}——水泥用量,kg;

β_c——等量取代水泥率,%;

δ_c——超量系数。

④粉煤灰超量部分 m_f,按式(2-18)计算:

$$m_f = m'_{f0} - m_{f0} \tag{2-18}$$

式中 m_f——粉煤灰超量部分用量,kg;

m'_{f0}——超量取代法的粉煤灰用量,kg;

m_{f0}——等量取代的粉煤灰用量,kg。

⑤粉煤灰超用的体积,应从砂的体积中扣除。砂的实际体积,按式(2-19)计算:

$$v'_{s0}=\frac{m_{s0}}{\rho_s}-\frac{m_f}{\rho_f} \tag{2-19}$$

式中 v'_{s0}——砂的实际体积,m^3;

m_{s0}——基准混凝土中砂的用量,kg;

ρ_s——砂的表观密度,kg/m^3;

m_f——粉煤灰超量部分用量,kg;

ρ_f——粉煤灰的表观密度,kg/m^3。

⑥砂的用量按式(2-20)计算:

$$m'_{s0}=\rho_s \cdot v'_{s0} \tag{2-20}$$

式中 m'_{s0}——超量取代法中砂的用量,kg;

ρ_s——砂的表观密度,kg/m^3;

v'_{s0}——砂的实际体积,m^3。

⑦石子用量与等量取代法相同。

2)以例 2-1 等量取代法确定的混凝土配合比为基准配合比,超量系数为 1.3,超量取代法设计其配合比为:

①水泥和水的用量与等量取代法相同,即水泥 262 kg/m^3、用水量 180 kg/m^3;

②超量取代法粉煤灰用量:$m'_{f0}=m_{c0}\cdot\beta_c\cdot\delta_c=327\times20\%\times1.3=65\times1.3=85$ kg;

③粉煤灰超量部分:$m_f=m'_{f0}-m_{f0}=85-65=20$ kg;

④砂子的实际体积:

$$v'_{sf}=\frac{m_{sf}}{\rho_{sf}}-\frac{m_f}{\rho_f}=\frac{656}{2\ 650}-\frac{20}{2\ 300}=0.238\ 8\ m^3$$

⑤砂子用量:$m_{s0}=\rho_s\cdot v'_{sf}=2\ 650\times0.238\ 8=633$ kg;

⑥石子用量不变,为 1 219 kg。

采用表 2-13 对两种取代法确定的混凝土配合比进行对比分析。等量法确定的混凝土配合比 *W/B* 比为 0. 55,超量法确定的混凝土配合比 *W/B* 比为 0. 52。超量取代法的目的就是通过降低 *W/B* 比的方式来保证混凝土的强度。如果设计混凝土配合比时,采用等量取代法,通过减少用水量的方式来降低 *W/B* 比,也可以起到保证混凝土强度的目的。因此,没必要采用超量取代法来设计混凝土配合比,用等量取代法设计混凝土会更加简单实用。

表 2-13 两种取代法混凝土配合比对比(kg/m^3)

取代方法	水泥	粉煤灰	砂	石	水	外加剂	*W/B*
超量取代法	262	85	633	1 219	180	—	0. 52
等量取代法	262	65	656	1 219	180	—	0. 55
	262	65	660	1 225	170	0. 2%	0. 52

三、规程对混凝土耐久性能配合比设计指导不足的探讨

《普通混凝土配合比设计规程》只对混凝土强度和工作性能的配合比设计给出了一些经验值,供技术人员设计混凝土配合比时参考。关于混凝土耐久性指标,如电通量、抗渗等级、抗冻等级、抗腐蚀系数等耐久性指标的配合比设计,未给出任何参考借鉴值。

因此,涉及有关混凝土耐久性指标的混凝土配合比设计时,完全要凭借自己的经验积累来完成。这就要求我们在平时的混凝土配合比设计工作中,多看多学,多积累一些耐久性指标的设计经验。关于混凝土耐久性指标的配合比设计问题,将在后续章节——现代混凝土耐久性能配合比设计的基础知识和现代混凝土耐久性配合比设计新技术中进行讲述。

四、有特殊性能要求的混凝土配合比设计的探讨

(一)关于高强混凝土配合比设计的探讨

(1)高强混凝土的原材料应符合下列规定:

1)水泥应选用硅酸盐水泥或普通硅酸盐水泥;配制 C80 及以上强度等

级的混凝土时，水泥 28 d 的胶砂强度不宜低于 50.0 MPa。

2）用于高强混凝土的矿物掺和料可包括粉煤灰、磨细矿渣粉、硅灰、钢渣粉和磷渣粉。其中，粉煤灰宜用Ⅰ级或Ⅱ级的 F 类粉煤灰，磨细矿渣粉不宜低于 S95 级。配制 C80 及以上强度等级的高强混凝土时宜掺用硅灰，硅灰的 SiO_2 含量宜大于 90%，比表面积不宜小于 15×10^3 m^2/kg。钢渣粉和磷渣粉宜用于强度等级不大于 C80 的高强混凝土。

3）配制高强混凝土宜采用细度模数为 2.6~3.0 的Ⅱ区中砂。砂的含泥量不应大于 2.0%，泥块含量不应大于 0.5%。

4）岩石抗压强度应比混凝土强度等级标准值高 30%。粗骨料宜采用连续级配，最大公称粒径不宜大于 25 mm。石的含泥量不应大于 0.5%，泥块含量不应大于 0.2%，针片状颗粒含量不宜大于 5.0%。

5）配制高强混凝土宜采用高性能减水剂，配制 C80 及以上等级混凝土时，高性能减水剂的减水率不宜小于 28%。

（2）高强混凝土配合比应经试验确定，在缺乏试验依据的情况下，配合比设计宜符合下列规定：

1）水胶比、胶凝材料用量和砂率可按表 2-14 选取，并应经试配确定。

2）外加剂和矿物掺和料的品种和掺量，应通过试配确定；矿物掺和料掺量宜为 25%~40%；硅灰掺量不宜大于 10%。

3）水泥用量不宜大于 500 kg/m^3。

表 2-14　水胶比、胶凝材料用量和砂率

强度等级	水胶比	胶凝材料用量（kg/m^3）	砂率（%）
≥C60，<C80	0.28~0.34	480~560	35~42
≥C80，<C100	0.26~0.28	520~580	
C100	0.24~0.26	550~600	

（3）在试配过程中，应采用 3 个不同的 *W/B* 比进行混凝土强度验证，其中一个可依据表 2-14 计算后调整拌和物的试拌配合比，另外两个配合比的水胶比，宜较试拌配合比分别增加和减少 0.02。

(4)高强混凝土设计配合比确定后,尚应采用该配合比进行不少于三盘混凝土的重复试验,每盘混凝土应至少成型一组试件,每组混凝土的抗压强度不应低于配制强度。

(5)高强混凝土抗压强度测定宜采用标准尺寸试件,使用非标准尺寸试件时,尺寸换算系数应经试验确定。

(二)关于泵送混凝土配合比设计的探讨

(1)泵送混凝土的原材料应符合下列规定:

1)水泥宜选用硅酸盐水泥、普通硅酸盐水泥、矿渣硅酸盐水泥和粉煤灰硅酸盐水泥。

2)泵送混凝土宜掺适量粉煤灰,并应符合国家现行标准《用于水泥和混凝土中的粉煤灰》、《粉煤灰在混凝土和砂浆中应用技术规程》和《预拌混凝土》的有关规定。

3)细骨料宜采用中砂,通过公称直径为315μm筛孔的颗粒含量不宜少于15%。

4)粗骨料宜采用连续级配,其针片状颗粒含量不宜大于10%;粗骨料的最大公称粒径与输送管径之比宜符合表2-15的规定。

5)泵送混凝土应掺用泵送剂或减水剂,并宜掺用矿物掺和料。

表2-15 粗骨料的最大公称粒径与输送管径之比

粗骨料品种	泵送高度(m)	粗骨料最大公称粒径与输送管径之比
碎石	<50	≤1∶3.0
	50~100	≤1∶4.0
	>100	≤1∶5.0
卵石	<50	≤1∶2.5
	50~100	≤1∶3.0
	>100	≤1∶4.0

(2)泵送混凝土配合比应符合下列规定:

1)胶凝材料用量不宜小于300 kg/m^3。

2)砂率宜为35%~45%。

(3)泵送混凝土的坍落度可根据不同泵送高度,按表2-16选用。泵送混凝土试配时应考虑坍落度经时损失,混凝土经时坍落度损失值,可按表2-17确定。

表2-16 不同泵送高度入泵时混凝土坍落度选用值

泵送高度(m)	30 m以下	30~60 m	60~100 m	100 m以上
坍落度(mm)	100~140	140~160	160~180	180~200

表2-17 混凝土经时坍落度损失值

大气温度(℃)	10~20℃	20~30℃	30~35℃
混凝土1 h坍落度损失值(mm)	5~25	25~35	35~50

注:坍落度经时损失值可根据施工经验确定。无施工经验时,应通过试验确定。

(三)关于抗渗混凝土配合比设计的探讨

(1)抗渗混凝土的原材料应符合下列规定:

1)水泥宜采用普通硅酸盐水泥。

2)抗渗混凝土宜掺用外加剂和矿物掺和料,粉煤灰等级应为Ⅰ级或Ⅱ级。

3)细骨料宜采用中砂,含泥量不得大于3.0%,泥块含量不得大于1.0%。

4)粗骨料宜采用连续级配,其最大公称粒径不宜大于40.0 mm,含泥量不得大于1.0%,泥块含量不得大于0.5%。

(2)抗渗混凝土配合比应符合下列规定:

1)最大水胶比应符合表2-18的规定。

表2-18 抗渗混凝土最大水胶比

设计抗渗等级	最大水胶比	
	C20~C30	C30以上
P6	0.60	0.55
P8~P12	0.55	0.50
>P12	0.50	0.45

2)每立方米混凝土中的胶凝材料用量不宜小于320 kg。

3)砂率宜为35%~45%。

(3)配合比设计中混凝土抗渗技术要求应符合下列规定:

1)配制抗渗混凝土要求的抗渗水压值应比设计值提高0.2 MPa。

2)抗渗试验结果应满足式(2-21)要求:

$$P_t \geq \frac{P}{10} + 0.2 \tag{2-21}$$

式中 P_t——6个试件中不少于4个未出现渗水时的最大水压值,MPa;

P——设计要求的抗渗等级值。

(4)掺用引气剂或引气型外加剂的抗渗混凝土,应进行含气量试验,含气量宜控制在3.0%~5.0%。

(四)关于抗冻混凝土配合比设计的探讨

(1)抗冻混凝土的原材料应符合下列规定:

1)水泥应采用硅酸盐水泥或普通硅酸盐水泥。

2)抗冻混凝土掺粉煤灰宜为Ⅰ级或Ⅱ级,最高掺量不宜>30%。

3)细骨料含泥量不得大于3.0%,泥块含量不得大于1.0%。

4)粗骨料宜选用连续级配,其含泥量不得大于1.0%,泥块含量不得大于0.5%。

5)粗、细骨料均应进行坚固性试验,并应符合现行行业标准《普通混凝土用砂、石质量及检验方法标准》JGJ 52的规定。

6)抗冻等级不小于F100的抗冻混凝土宜掺用引气剂。

7)在钢筋混凝土和预应力混凝土中不得掺用含有氯盐的防冻剂;在预应力混凝土中不得掺用含有亚硝酸盐或碳酸盐的防冻剂。

(2)抗冻混凝土配合比应符合下列规定:

1)最大水胶比和最小胶凝材料用量应符合表2-19的规定。

2)复合矿物掺和料掺量宜符合表2-20的规定;其他矿物掺和料单掺时宜符合表2-21的规定。

3)掺用引气剂的混凝土最小含气量应符合表2-22的规定。

表 2-19 最大水胶比和最小胶凝材料用量

设计抗冻等级	最大水胶比		最小胶凝材料用量(kg/m³)
	无引气剂时	掺引气剂时	
F50	0.55	0.60	300
F100	0.50	0.55	320
F150 以上	—	0.50	350

表 2-20 复合矿物掺和料最大掺量

水胶比	最大掺量(%)	
	采用硅酸盐水泥时	采用普通硅酸盐水泥时
≤0.40	60	50
>0.40	50	40

注:1)采用其他通用硅酸盐水泥时,可将水泥混合材掺量20%以上的混合材量计入矿物掺和料;

2)复合矿物掺和料中各矿物掺和料组分的掺量不宜超过表2-6和表2-7中单掺时的限量。

表 2-21 矿物掺和料单掺时最大掺量

水胶比	粉煤灰	磨细矿渣粉
≤0.40	30	40
>0.40	20	30

注:本表规定的矿物掺和料的掺量范围仅限于使用硅酸盐水泥或普通硅酸盐水泥。

表 2-22 混凝土最小含气量(%)

粗骨料最大公称粒径(mm)	潮湿或水位变动的寒冷和严寒环境	盐冻环境
40.0	4.5	5.0
25.0	5.0	5.5
20.0	5.5	6.0

(五)关于大体积混凝土配合比的探讨

(1)大体积混凝土的原材料应符合下列规定:

1)水泥宜采用中、低热硅酸盐水泥或低热矿渣硅酸盐水泥,水泥的3 d

和 7 d 水化热应符合现行国家标准《中热硅酸盐水泥、低热硅酸盐水泥、低热矿渣硅酸盐水泥》GB 200 规定。当采用硅酸盐水泥或普通硅酸盐水泥时，应掺加矿物掺和料，胶凝材料的 3 d 和 7 d 水化热分别不宜大于 240 kJ/kg和 270 kJ/kg。水化热试验方法应按现行国家标准《水泥水化热测定方法》GB/T 12959 执行。

2）细骨料宜采用中砂，含泥量不应大于 3.0%。

3）粗骨料宜为连续级配，最大公称粒径不宜小于 31.5 mm，含泥量不应大于 1.0%。

4）宜掺用矿物掺和料和缓凝型减水剂。

（2）当采用混凝土 60 d 或 90 d 龄期的设计强度时，宜采用标准尺寸试件进行抗压强度试验。

（3）大体积混凝土配合比应符合下列规定：

1）水胶比不宜大于 0.55，用水量不宜大于 175 kg/m^3。

2）在保证混凝土性能要求的前提下，宜提高每立方米混凝土中的粗骨料用量；砂率宜为 38%~42%。

3）在保证混凝土性能要求的前提下，应减少胶凝材料中的水泥用量，提高矿物掺和料掺量，矿物掺和料掺量应符合表 2-6 和表 2-7 的规定。

（4）在配合比试配和调整时，控制混凝土绝热温升不宜大于 50 ℃。

（5）大体积混凝土配合比应满足施工对混凝土凝结时间的要求。

（6）大体积混凝土的热工计算。

混凝土热工性能计算的范围很广。与大体积混凝土配合比相关，要进行控制的主要有两个方面：一是水泥水化热绝热温升值的控制；二是混凝土拌和物温度的控制。

1）水泥水化热

水泥水化热绝热温升值的计算按式（2-22）。计算结果如超出要求时，应考虑改用水化热较低的水泥品种，或掺减水剂或粉煤灰以降低水泥用量。

混凝土的水化热绝热温升值一般按式（2-22）计算：

$$T(t)=\frac{m_c Q}{c\cdot\rho}(1-e^{-mt}) \tag{2-22}$$

式中 $T(t)$——浇完一段时间 t,混凝土的绝热温升值,℃;

m_c——每立方米混凝土水泥用量,kg;

Q——每千克水泥水化热量,可查表 2-23 求得,J;

c——混凝土的比热,一般 0.92~1.00,取 0.96,J/(kg·K);

ρ——混凝土密度,取 2 400 kg/m³;

e——常数,为 2.718;

m——与水泥品种、浇捣时温度有关的经验系数,一般为 0.2~0.4;

t——龄期,d。

表 2-23 每千克水泥水化热量 Q(J)

水泥品种	水泥强度等级(MPa)		
	32.5	42.5	52.5
普通水泥	289	377	461
矿渣水泥	247	335	—

例 2-2:用 42.5 级矿渣水泥配制混凝土,$m_c=275$ kg,$Q=335$ J,$c=0.96$ J/(kg·K),$\rho=2\ 400$ kg/m³。求混凝土最高水化热绝热温度及 1 d、3 d、7 d 的水化热绝热温度。

解:(1)混凝土最高水化热绝热温度:

$$T_{max}=\frac{275\times 335}{0.96\times 2\ 400}(1-e^{-\infty})=39.98\ ℃$$

(2)混凝土 1 d、3 d、7 d 的水化热绝热温度:

$$T(t)=39.98\times(1-2.718^{-0.3t})$$

当 $t=1$:$T=39.98\times(1-2.718^{-0.3\times1})=10.35$ ℃

$$\Delta T_1=10.35-0=10.35\ ℃$$

当 $t=3$:$T=39.98\times(1-2.718^{-0.3\times3})=23.72$ ℃

$$\Delta T_3=23.72-10.35=13.37\ ℃$$

当 $t=7$：$T=39.98\times(1-2.718^{-0.3\times7})=35.08$ ℃

$$\Delta T_7=35.08-23.72=11.36\ ℃$$

2)拌和物温度

混凝土的原材料在投入搅拌前,各有各的温度。通过搅拌便形成一个温度,称为拌和物温度。拌和物浇筑成型后,其温度受运输工具和模具的影响,会有变化,此时的温度称为混凝土温度。

拌和物温度计算式见式(2-23)：

$$T_0=[0.9(m_{ce}T_{ce}+m_{sa}T_{sa}+m_gT_g)+4.2T_w\times(m_w-\omega_{sa}m_{sa}-\omega_gm_g)+c_1(\omega_{sa}m_{sa}T_{sa}+\omega_gm_gT_g)-c_2(\omega_{sa}m_{sa}+\omega_gm_g)]\div[4.2m_w+0.9\times(m_{ce}+m_{sa}+m_g)] \quad (2\text{-}23)$$

式中 T_0——混凝土拌和物的温度,℃;

m_w、m_{ce}、m_{sa}、m_g——每立方米混凝土水、水泥、砂、石的用量,kg;

T_w、T_{ce}、T_{sa}、T_g——水、水泥、砂、石的温度,℃;

ω_{sa}、ω_g——砂、石的含水率,%;

c_1、c_2——水的比热容,kJ/(kg·K)及溶解热,kJ/kg。

当骨料温度>0℃时,$c_1=4.2$,$c_2=0$;骨料温度≤0 ℃时,$c_1=2.1$,$c_2=335$。

《混凝土结构工程施工及验收规范》GB 50204 规定,大体积混凝土温度不宜超过 28℃;《高层建筑混凝土结构技术规程》JGJ 3 规定,浇筑后混凝土内外温差不应超过 25 ℃。因此,大体积混凝土的拌和物温度,在夏季施工或某些特定情况下要采取降温措施。其措施由施工部门因地制宜。拌和物的温度计算见例 2-3。

例 2-3:某大型基础工程,大体积混凝土设计强度为 C15 级,坍落度为 80 mm,配合比用料如下:每立方米混凝土含 42.5 MPa 矿渣水泥 275 kg、水 173 kg、中砂 703 kg、40 mm 碎石 1 249 kg,即配合比为 0.63 : 1 : 2.556 : 4.542。外界气温为 30℃,要求拌和物温度小于 20℃。经采取降温措施后,凉棚内砂、石温度为 20℃,砂含水率为 2%,石含水率为 1%,采用加冰水搅拌,使水温降为 15℃,水泥在库温度为 27℃。请计算拌和物的温度。

解:为简化计算,4 种材料的用量按以水泥为 1 的配合比代入计算式。各值如下:

$m_{ce}=1$;　　$T_{ce}=27$;

$m_{sa}=2.556$;　　$T_{sa}=20$;

$m_g=4.542$;　　$T_g=20$;

$m_w=0.63$;　　$T_w=15$;

$\omega_{sa}=0.02$;　　$\omega_g=0.01$;

$c_1=4.2$;　　$c_2=0$。

代入式(2-23)运算,计算结果为拌和物温度为 19.5℃,符合要求。

$$T_0=[0.9\times(1\times27+2.556\times20+4.542\times20)+4.2\times15\times(0.63-0.02\times2.556-0.01\times4.542)+4.2\times(0.02\times2.556\times20+0.01\times4.542\times20)-0\times(0.02\times2.556+0.01\times4.542)]\div[4.2\times0.63+0.9(1+2.556+4.542)]$$

$$=[152.064+33.60798+8.10936-0]\div9.9342$$

$$=19.5℃$$

(六)关于补偿收缩混凝土配合比设计的探讨

(1)补偿收缩混凝土的原材料应符合下列规定:

1)水泥应符合现行国家标准《通用硅酸盐水泥》GB 175 或《中热硅酸盐水泥、低热硅酸盐水泥、低热矿渣硅酸盐水泥》GB 200 的规定。

2)膨胀剂的品种和性能应符合现行行业标准《混凝土膨胀剂》JC 476 的规定。膨胀剂应单独存放,并不得受潮。当膨胀剂在存放过程中发生结块、胀袋现象时,应进行品质复验。

3)粉煤灰应符合现行国家标准《用于水泥和混凝土中的粉煤灰》GB 1596 的规定,不得使用高钙粉煤灰。使用的矿渣粉应符合现行国家标准《用于水泥和混凝土中的粒化高炉矿渣粉》GB/T 18046 的规定。

4)骨料应符合现行行业标准《普通混凝土用砂、石质量及检验方法标准》JGJ 52 的规定。轻骨料应符合现行国家标准《轻集料及其试验方法 第 1 部分:轻集料》GB/T 17431.1 的规定。

5)减水剂、缓凝剂、泵送剂、防冻剂等混凝土外加剂应分别符合国家现行标准《混凝土外加剂》GB 8076、《混凝土泵送剂》JC 473、《混凝土防冻剂》JC 475 等的规定。

(2)补偿收缩混凝土配合比应符合下列规定:

1)补偿收缩混凝土的配合比设计,应满足设计所需要的强度、膨胀性能、抗渗性、耐久性等技术指标和施工工作性要求。配合比设计应符合现行行业标准《普通混凝土配合比设计规程》JGJ 55 的规定。使用的膨胀剂品种应根据工程要求和施工要求事先进行选择。

2)膨胀剂掺量应根据设计要求的限制膨胀率,并应采用实际工程使用的材料,经过混凝土配合比试验后确定。膨胀剂使用时,应按比例关系等量取代胶凝材料中的水泥、矿物掺和料等。配合比试验的限制膨胀率值应比设计值高 0.005%。试验时,每立方米混凝土膨胀剂用量可按照表 2-24 选取。

表 2-24 每立方米混凝土膨胀剂用量

用 途	混凝土膨胀剂用量(kg/m^3)
用于补偿混凝土收缩	30~50
用于后浇带、膨胀加强带和工程接缝填充	40~60

3)补偿收缩混凝土的水胶比不宜大于 0.50。

4)补偿收缩混凝土单位胶凝材料用量不宜小于 300 kg/m^3,用于膨胀加强带和工程接缝填充部位的补偿收缩混凝土单位胶凝材料用量不宜小于 350 kg/m^3。

5)补偿收缩混凝土的限制膨胀率应符合表 2-25 规定,限制膨胀率的取值应以 0.005%的间隔为一个等级。当混凝土强度等级≥C50 时,限制膨胀率宜提高一个等级。

6)有耐久性要求的补偿收缩混凝土,其配合比设计应符合现行国家标准《混凝土结构耐久性设计规范》GB/T 50476 的规定。

表 2-25　限制膨胀率的设计取值

结构部位	限制膨胀率(%)
板梁结构	≥0.015
墙体结构	≥0.020
后浇带、膨胀加强带等部位	≥0.025

(七)关于透水水泥混凝土配合比设计的探讨

(1)透水水泥混凝土的原材料应符合下列规定:

1)水泥应采用强度等级不低于42.5级的硅酸盐水泥或普通硅酸盐水泥,质量应符合现行国家标准《通用硅酸盐水泥》GB 175的要求。

2)外加剂应符合现行国家标准《混凝土外加剂》GB 8076的规定。

3)透水水泥混凝土采用的增强剂可分有机材料和无机材料两类,材料技术指标应符合表2-26的规定。

表 2-26　增强剂的技术指标

聚合物乳液	含固量(%)	延伸率(%)	极限拉伸强度(MPa)
	40~50	≥150	≥1.0
活性 SiO_2	SiO_2 含量应大于85%		

4)透水水泥混凝土采用的骨料,必须使用质地坚硬、耐久、洁净、密实的碎石料,碎石的性能指标应符合现行国家标准《建筑用卵石、碎石》GB/T 14685中的二级要求,并应符合表2-27的规定。

表 2-27　骨料的性能指标

项　　目	指　　标		
	1	2	3
尺寸(mm)	2.4~4.75	4.75~9.5	9.5~13.2
压碎值(%)	<15.0		
针片状颗粒含量(按质量计)(%)	<15.0		
含泥量(按质量计)(%)	<1.0		
表观密度(kg/m³)	>2 500		
紧密堆积密度(kg/m³)	>1 350		
堆积空隙率(%)	<47.0		

(2)透水水泥混凝土的性能应符合表2-28的规定。

表2-28 透水水泥混凝土的性能

项目		性能要求	
耐磨性(磨坑长度)(mm)		≤30	
透水系数(15 ℃)(mm/s)		≥0.5	
抗冻性	25次冻融循环后抗压强度损失率(%)	≤20	
	25次冻融循环后质量损失率(%)	≤5	
连续孔隙率(%)		≥10	
强度等级		C20	C30
抗压强度(28d)(MPa)		≥20.0	≥30.0
弯拉强度(28d)(MPa)		≥2.5	≥3.5

注:1)耐磨性与抗冻性性能检验可视设计要求进行;

2)透水水泥混凝土耐磨性试验应符合现行国家标准《无机地面材料耐磨性能试验方法》GB/T 12988的规定;

3)透水系数的测试方法应按《透水水泥混凝土路面技术规程》中附录A的要求进行;

4)抗冻性试验应符合现行国家标准《普通混凝土长期性能和耐久性能试验方法标准》GB/T 50082的有关规定。

(3)透水水泥混凝土配合比应符合下列规定:

1)透水水泥混凝土的配制强度,宜符合现行行业标准《普通混凝土配合比设计规程》JGJ 55的规定。

2)透水水泥混凝土配合比设计步骤宜符合下列规定:

①单位体积粗骨料用量应按式(2-24)计算确定:

$$W_G = \alpha \cdot \rho_G \tag{2-24}$$

式中 W_G——透水水泥混凝土中粗骨料用量,kg/m^3;

ρ_G——粗骨料紧密堆积密度,kg/m^3;

α——粗骨料用量修正系数,取0.98。

②胶结料浆体体积应按式(2-25)计算确定:

$$V_P = 1 - \alpha \cdot (1 - v_C) - 1 \cdot R_{void} \tag{2-25}$$

式中 V_P——每立方米透水水泥混凝土中胶结料浆体体积,m^3;

v_C——粗骨料紧密堆积空隙率,%;

R_{void}——设计孔隙率,%。

③水胶比应经试验确定,水胶比选择范围控制在0.25~0.35,并满足表2-28中的技术要求。

④单位体积水泥用量应按式(2-26)确定:

$$W_C = \frac{V_P}{R_{W/C} + 1} \cdot \rho_C \tag{2-26}$$

式中 W_C——每立方米透水水泥混凝土中水泥用量,kg/m^3;

V_P——每立方米透水水泥混凝土中胶结料浆体体积,m^3/m^3;

$R_{W/C}$——水灰比;

ρ_C——水泥密度,kg/m^3。

⑤单位体积用水量应按式(2-27)确定:

$$W_W = W_C \cdot R_{W/C} \tag{2-27}$$

式中 W_W——每立方米透水水泥混凝土中用水量,kg/m^3;

W_C——每立方米透水水泥混凝土中水泥用量,kg/m^3;

$R_{W/C}$——水灰比。

⑥外加剂用量应按式(2-28)确定:

$$M_a = W_C \cdot a \tag{2-28}$$

式中 M_a——每立方米透水水泥混凝土中外加剂用量,kg/m^3;

W_C——每立方米透水水泥混凝土中水泥用量,kg/m^3;

a——外加剂的掺量,%。

⑦当掺用增强剂时,掺量应按水泥用量的百分比计算,然后将其掺量换算成对应的体积。

⑧透水水泥混凝土配合比可采用每立方米透水水泥混凝土中各种材料的用量表示。

(4)透水水泥混凝土配合比的试配应符合下列规定:

1)应按计算配合比进行试拌,并检验透水水泥混凝土的相关性能。当出现浆体在振动作用下过多坠落或不能均匀包裹骨料表面时,应调整透水水泥混凝土浆体用量或外加剂用量,达到要求后再提出供透水水泥混凝土强度试验用的基准配合比。

2)透水水泥混凝土强度试验时,应选择3个不同的配合比,其中一个为基准配合比,另外两个配合比的水胶比宜较基准水胶比分别增减0.05,用水量宜与基准配合比相同。制作试件时应目视确定透水水泥混凝土的工作性。

3)根据试验得到的透水水泥混凝土强度、孔隙率与水胶比的关系,应采用作图法或计算法求出满足孔隙率和透水水泥混凝土配制强度要求的水胶比,并应据此确定水泥用量和用水量,最终确定正式配合比。

(八)关于钢纤维混凝土配合比设计的探讨

(1)钢纤维混凝土的原材料应符合下列规定:

钢纤维混凝土如用于特殊混凝土,其所用的各种材料应按特殊混凝土的规定选料。如无特殊要求,可按普通混凝土选用。

1)水泥一般选用硅酸盐水泥或普通水泥,水泥强度等级不宜低于42.5 MPa。

2)可掺用粉煤灰,其质量及掺量应通过试验确定。

3)砂可选用中砂或中粗砂,但不得使用海砂或咸水湖砂。

4)石子粒径不宜大于20 mm,宜不大于钢纤维长度的2/3。用于喷射钢纤维混凝土的,按设备条件选用,不宜大于10 mm。

5)外加剂宜选用优质减水剂,用于喷射混凝土则选用速凝剂。对有抗冻要求的钢纤维混凝土宜选用引气型减水剂。宜选用防锈剂。不得使用含氯盐的外加剂。

6)钢纤维:我国冶金行业标准《混凝土用钢纤维》YB/T 151将钢纤维强度等级划分为380级(380~600 MPa)、600级(600~1 000 MPa)和1 000级(≥1 000 MPa)。钢纤维的类型见表2-29。钢纤维的规格及其使用范围见表2-30。

表 2-29　钢纤维的类型

生产方法	截面形状	外形形状
切断法	圆形	直、扭曲、两端带钩
剪切法	矩形	直、扭曲、两端带钩
铣削法	月牙形	两端微弯钩
熔抽法	月牙形	直

表 2-30　钢纤维几何参数采用范围

钢纤维混凝土结构类别	长度(mm)	直径(等效直径)(mm)	长径比
一般浇筑成型的结构	25~50	0.3~0.8	40~100
抗震框架节点	40~50	0.4~0.8	50~100
铁路轨枕	20~30	0.3~0.6	50~70
喷射钢纤维混凝土	20~25	0.3~0.5	40~60

注:1)钢纤维的等效直径是指非圆形截面按面积相等的原则换算成圆形截面的直径;

2)钢纤维的长径比是指长度对直径(或等效直径)的比值,计算精确到个位数。

(2)钢纤维混凝土配合比应符合下列规定:

钢纤维混凝土配合比设计应采用计算—试验法。步骤如下:

1)根据式(2-1)或式(2-2),或根据抗压强度设计值及强度提高系数确定混凝土配制强度。钢纤维混凝土的强度等级以 CF 表示,其最小强度为 CF20 级。

2)根据混凝土配制强度按式(2-4)计算水胶比,宜控制在 0.40~0.50 之间;如有耐久性要求,不得大于 0.50。

3)按结构设计要求的抗拉或抗折强度要求,定出所需的钢纤维体积率。根据施工经验,钢纤维体积率一般在 0.35%~1.5%之间,最大不宜超过 3.0%。

①根据抗拉强度按式(2-29)估算钢纤维体积率:

$$\rho_f = \frac{f_{ftk} - f_{tk}}{f_{tk} \times \alpha_t \times l_f / d_f} \tag{2-29}$$

式中　f_{ftk}——钢纤维混凝土抗拉强度标准值,MPa;

f_{tk}——基体混凝土抗拉强度标准值,可根据钢纤维混凝土强度等级按现行有关混凝土结构设计规范的规定取值,MPa;

l_f/d_f——钢纤维长度与直径(等效直径)之比;

α_t——钢纤维抗拉强度的影响系数,见表 2-31。

②根据弯拉强度按下式估算钢纤维体积率:

$$\rho_f = \frac{f_{ftm} - f_{tm}}{f_{tm} \times \alpha_{tm} \times l_f/d_f} \tag{2-30}$$

式中 f_{ftm}——钢纤维混凝土弯拉强度标准值,MPa;

f_{tm}——基体混凝土弯拉强度标准值,MPa;

l_f/d_f——钢纤维长度与直径(等效直径)之比;

α_{tm}——钢纤维弯拉强度的影响系数,见表 2-31。

表 2-31 钢纤维对混凝土抗拉强度、弯拉强度的影响系数

钢纤维品种	纤维外形	基体强度等级	α_t	α_{tm}
钢丝切断	端钩形	C20~C45	0.76	1.13
		C50~C80	1.03	1.25
钢板剪切	平直形	C20~C45	0.42	0.68
		C50~C80	0.46	0.75
	异形	C20~C45	0.55	0.79
		C50~C80	0.63	0.93
铣削	月牙形	C20~C45	0.70	0.92
		C50~C80	0.84	1.10
熔抽	—	C20~C45	0.52	0.73
		C50~C80	0.62	0.91

4)根据施工要求的稠度、原材料品种规格、钢纤维体积率,确定用水量。如已有经验资料,可按经验资料。如无经验资料,可先按表 2-32 或表 2-33 试配,以稠度符合要求为准。

5)确定合理砂率:

砂率可比普通混凝土稍大,可参考表 2-34。

表 2-32　半干硬性钢纤维混凝土单位体积用水量选用表

拌和料条件	维勃稠度(s)	单位体积用水量(kg)
长径比 $l_f/d_f=50$	10	195
$\rho_f=1\%$	15	182
碎石最大粒径 10~15 mm	20	175
$W/B=0.4\sim0.5$	25	170
中砂	30	166

注:1)碎石最大粒径为 20 mm 时,单位体积用水量相应减少 5 kg;

2)粗骨料为卵石时,单位体积用水量相应减少 10 kg;

3)钢纤维体积率每增减 0.5%,单位体积用水量相应增减 8 kg。

表 2-33　塑性钢纤维混凝土单位体积用水量选用表

拌和料条件	粗骨料品种	粗骨料最大粒径(mm)	单位体积用水量(kg)
长径比 $l_f/d_f=50$ $\rho_f=0.5\%$ 坍落度 20 mm $W/B=0.5\sim0.6$ 中砂	碎石	10~15	235
		20	220
	卵石	10~15	225
		20	205

注:1)坍落度变化范围为 10~50 mm 时,每增减 10 mm,单位体积用水量相应增减 7 kg;

2)钢纤维体积率每增减 0.5%,单位体积用水量相应增减 8 kg;

3)钢纤维长径比每增减 10,单位体积用水量相应增减 10 kg。

表 2-34　钢纤维混凝土砂率选用值(%)

拌和料条件	最大粒径 20 mm 的碎石	最大粒径 20 mm 的卵石
$l_f/d_f=50$;$\rho_f=1.0\%$; $W/B=0.50$;砂细度模数=3.0	50	45
l_f/d_f增减 10	±5	±3
ρ_f增减 0.5%	±3	±3
W/B 增减 0.1	±2	±2
砂细度模数增减 0.1	±1	±1

6)按质量法或体积法计算砂、石料用量:

①质量法:按式(2-31)计算,M_{cp}取 2 400×(1-V_f)+7 850×ρ_f(单位:kg/m³);

$$F_0 + C_0 + W_0 + S_0 + G_0 = M_{cp} \tag{2-31}$$

②体积法:按式(2-32)计算。

$$\frac{C_0}{\rho_c} + \frac{W_0}{\rho_w} + \frac{F_0}{\rho_{ff}} + \frac{S_0}{\rho_s} + \frac{G_0}{\rho_g} + 0.01\alpha = 1 \tag{2-32}$$

式中 ρ_{ff}、ρ_c、ρ_w、ρ_s、ρ_g——为钢纤维、水泥、水、砂、石的表观密度,kg/m³;

F_0、C_0、W_0、S_0、G_0——为 1 m³ 混凝土中钢纤维、水泥、水、砂、石用量,kg。

(3)试拌检验、确定基准配合比:

保持水胶比和钢纤维体积率不变,调整单位体积用水量或砂率,直到满足施工性能要求,确定基准配合比。

(4)检验强度与确定试验配合比:

其中一组为基准配合比,另两组的水胶比分别比基准配合比分别增加或减小 0.05(必要时,也可适当调整砂率);检验弯拉强度或抗拉强度试验时,另外两组配合比的钢纤维体积率比基准配合比分别增加或减小 0.2%。通过试验测得与配制抗压强度对应的水胶比、与弯拉强度或抗拉强度对应的钢纤维体积率,确定试验配合比。

(九)关于普通水泥路面混凝土配合比设计的探讨

(1)普通水泥路面混凝土配合比设计适用于滑模摊铺机、轨道摊铺机、三辊轴机组及小型机具四种施工方式。其设计在兼顾经济性的同时还应满足下列三项技术要求:

1)弯拉强度

①各交通等级路面板的 28 d 设计弯拉强度标准值f_r应符合《公路水泥混凝土路面设计规范》JTG D40 的规定。

②普通水泥路面混凝土配制 28 d 弯拉强度的均值可按式(2-33)计算:

$$f_c = \frac{f_r}{1 - 1.04c_v} + ts \tag{2-33}$$

式中 f_c——配制 28 d 弯拉强度的均值,MPa;

f_r——设计弯拉强度标准值,MPa;

s——弯拉强度试验样本的标准差,MPa;

t——保证率系数,应按表 2-35 确定;

c_v——弯拉强度变异系数,应按统计数据在表 2-36 的规定范围内取值;在无统计数据时,弯拉强度变异系数应按设计取值;如果施工配制弯拉强度超出设计给定的弯拉强度变异系数上限,则必须改进机械装备和提高施工控制水平。

表 2-35 保证率系数 t

公路技术等级	判别概率 p	样本数 n(组)				
		3	6	9	15	20
高速公路	0.05	1.36	0.79	0.61	0.45	0.39
一级公路	0.10	0.95	0.59	0.46	0.35	0.30
二级公路	0.15	0.72	0.46	0.37	0.28	0.24
三、四级公路	0.20	0.56	0.37	0.29	0.22	0.19

表 2-36 各级公路混凝土路面弯拉强度变异系数

公路技术等级	高速公路	一级公路		二级公路	三、四级公路	
混凝土弯拉强度变异水平等级	低	低	中	中	中	高
弯拉强度变异系数 c_v 允许变化范围	0.05~0.10	0.05~0.10	0.10~0.15	0.10~0.15	0.10~0.15	0.15~0.20

2)工作性

①滑模摊铺机前拌和物最佳工作性及允许范围应符合表 2-37 的规定。

表 2-37 混凝土路面滑模摊铺最佳工作性及允许范围

指 标 界 限	坍落度 S_L(mm)		振动黏度系数 η (N·s/m²)
	卵石混凝土	碎石混凝土	
最佳工作性	20~40	25~50	200~500
允许波动范围	5~55	10~65	100~600

注:1)滑模摊铺机适宜的摊铺速度应控制在0.5~2.0 m/min之间;

2)本表适用于设超铺角的滑模摊铺机;对不设超铺角的滑模摊铺机,最佳振动黏度系数为250~600 N·s/m²;最佳坍落度卵石为10~40 mm;碎石为10~30 mm;

3)滑模摊铺时的最大单位用水量卵石混凝土不宜大于155 kg/m³;碎石混凝土不宜大于160 kg/m³。

②轨道摊铺机、三辊轴机组、小型机具摊铺的路面混凝土坍落度及最大单位用水量,应满足表2-38的规定。

表 2-38 不同路面施工方式混凝土坍落度及最大单位用水量

摊铺方式	轨道摊铺机摊铺		三辊轴机组摊铺		小型机具摊铺	
出机坍落度(mm)	40~60		30~50		10~40	
摊铺坍落度(mm)	20~40		10~30		0~20	
最大单位用水量(kg/m³)	碎石 156	卵石 153	碎石 153	卵石 148	碎石 150	卵石 145

注:1)表中的最大单位用水量系采用中砂、粗细骨料为风干状态的取值,采用细砂时,应使用减水率较大的(高效)减水剂;

2)使用碎卵石时,最大单位用水量可取碎石与卵石中值。

3)耐久性

①根据当地路面无抗冻性、有抗冻性或有抗盐冻性要求及混凝土最大公称粒径,路面混凝土含气量宜符合表2-39的规定。

表 2-39 路面混凝土含气量及允许偏差

最大公称粒径(mm)	无抗冻性要求(%)	有抗冻性要求(%)	有抗盐冻性要求(%)
19.0	4.0±1.0	5.0±0.5	6.0±0.5
26.5	3.5±1.0	4.5±0.5	5.5±0.5
31.5	3.5±1.0	4.0±0.5	5.0±0.5

②各交通等级路面混凝土满足耐久性要求的最大水灰(胶)比和最小单位水泥用量应符合表2-40的规定。最大单位水泥用量不宜大于400 kg/m^3;掺粉煤灰时,最大单位胶材总量不宜大于420 kg/m^3。

表2-40 混凝土满足耐久性要求的最大水灰(胶)比和最小单位水泥用量

公路技术等级		高速公路、一级公路	二级公路	三、四级公路
最大水灰(胶)比		0.44	0.46	0.48
抗冰冻要求最大水灰(胶)比		0.42	0.44	0.46
抗盐冻要求最大水灰(胶)比		0.40	0.42	0.44
最小单位水泥用量(kg/m^3)	42.5级	300	300	290
	32.5级	310	310	305
抗冰(盐)冻时最小单位水泥用量(kg/m^3)	42.5级	320	320	315
	32.5级	330	330	325
掺粉煤灰时最小单位水泥用量(kg/m^3)	42.5级	260	260	255
	32.5级	280	270	265
抗冰(盐)冻掺粉煤灰最小单位水泥用量(42.5级水泥)(kg/m^3)		280	270	265

注:1)掺粉煤灰,并有抗冰(盐)冻性要求时,不得使用32.5级水泥;

2)水灰(胶)比计算以砂石料的自然风干状态计(砂含水量≤1.0%;石子含水量≤0.5%);

3)处在除冰盐、海风、酸雨或硫酸盐等腐蚀性环境中、或在大纵坡等加减速车道上的混凝土,最大水灰(胶)比可比表中数值降低0.01~0.02。

③严寒地区路面混凝土抗冻标号不宜小于F250,寒冷地区不宜小于F200。

④在海风、酸雨、除冰盐或硫酸盐等腐蚀环境影响范围内的混凝土路面和桥面,在使用硅酸盐水泥时,应掺加粉煤灰、磨细矿渣或硅灰掺和料,不宜单独使用硅酸盐水泥,可使用矿渣水泥或普通水泥。

(2)普通水泥路面混凝土配合比参数的计算应符合下列要求:

1)水灰(胶)比的计算和确定:

①根据粗骨料的类型,水胶比可分别按下列统计公式计算:

碎石或碎卵石混凝土:

$$\frac{W}{B}=\frac{1.5684}{f_c+1.0097-0.3595f_s} \tag{2-34}$$

卵石混凝土：

$$\frac{W}{B}=\frac{1.2618}{f_c+1.5492-0.4709f_s} \tag{2-35}$$

式中 $\frac{W}{B}$——水胶比；

f_s——水泥实测 28 d 抗折强度，MPa。

②掺用粉煤灰时，应计入超量取代法中代替水泥的那一部分粉煤灰用量（代替砂的超量部分不计入），用水胶比 $\frac{W}{C+F}$ 代替水胶比 $\frac{W}{B}$。

③应在满足弯拉强度计算值和耐久性（表 2-40）两者要求的水灰（胶）比中取小值。

2）砂率应根据砂的细度模数和粗骨料种类，查表 2-41 取值。在软做抗滑槽时，砂率本表基础上可增大 1%~2%。

表 2-41 砂的细度模数与最优砂率关系

砂细度模数		2.2~2.5	2.5~2.8	2.8~3.1	3.1~3.4	3.4~3.7
砂率 S_P（%）	碎石	30~34	32~36	34~38	36~40	38~42
	卵石	28~32	30~34	32~36	34~38	36~40

注：碎卵石可在碎石和卵石混凝土之间内插取值。

3）根据粗骨料种类和表 2-37 和表 2-38 中适宜的坍落度，分别按下列经验式计算单位用水量（砂石料以自然风干状态计）：

$$\text{碎石：}W_0=104.97+0.309S_L+11.27\frac{C}{W}+0.61S_P \tag{2-36}$$

$$\text{卵石：}W_0=86.89+0.370S_L+11.24\frac{C}{W}+1.00S_P \tag{2-37}$$

式中 W_0——不掺外加剂与掺和料混凝土的单位用水量，kg/m^3；

S_L——坍落度，mm；

S_P——砂率，%；

$\frac{C}{W}$——灰水比,水灰比之倒数。

掺外加剂的混凝土单位用水量应按《普通混凝土配合比设计规程》中规定计算。单位用水量应取计算值和表 2-38 规定值两者中的小值。若实际单位用水量仅掺引气剂不满足所取数值,则应掺用引气(高效)减水剂,三、四级公路也可采用真空脱水工艺。

4)单位水泥用量应按《普通混凝土配合比设计规程》中规定计算,并取计算值与表 2-40 规定值两者中的大值。

5)砂石料用量可按质量法或体积法计算。按质量法计算时,混凝土单位质量可取 2 400~2 450 kg/m^3;按体积法计算时,应计入设计含气量。采用超量取代法掺用粉煤灰时,超量部分应代替砂,并折减用砂量。经计算得到的配合比,应验算单位粗骨料填充体积率,且不宜小于 70%。

6)重要路面、桥面工程应采用正交试验法进行配合比优选。

7)采用真空脱水工艺时,可采用比经验计算值略大的单位用水量,但在真空脱水后,扣除每立方米混凝土实际吸除的水量,剩余单位用水量和剩余水灰(胶)比分别不宜超过表 2-38 最大单位用水量和表 2-40 最大水灰(胶)比的规定。

8)路面混凝土掺加粉煤灰时,粉煤灰应为Ⅰ、Ⅱ级,其配合比计算应按超量取代法进行。粉煤灰掺量应根据水泥中原有的掺和料数量和混凝土弯拉强度、耐磨性等要求由试验确定。Ⅰ、Ⅱ级粉煤灰的超量系数可按表 2-12 初选。代替水泥的粉煤灰掺量:Ⅰ型硅酸盐水泥宜≤30%;Ⅱ型硅酸盐水泥宜≤25%;道路水泥宜≤20%;普通水泥宜≤15%;矿渣水泥不得掺粉煤灰。

(十)关于碾压混凝土配合比设计的探讨

(1)碾压混凝土的配合比设计在兼顾经济性的同时还应满足下列三项技术要求:

1)弯拉强度

①碾压混凝土 28 d 设计弯拉强度标准值 f_r 应符合《公路水泥混凝土路面设计规范》JTG D40 的规定;

②碾压混凝土配制 28d 弯拉强度的均值f_{cc}可按式(2-38)计算:

$$f_{cc}=\frac{f_r+f_{cy}}{1-1.04c_v}+ts \tag{2-38}$$

式中 f_{cc}——碾压混凝土配制 28 d 弯拉强度均值,MPa;

f_{cy}——碾压混凝土压实安全弯拉强度,可按式(2-39)计算。

$$f_{cy}=\frac{\alpha}{2}(y_{c1}+y_{c2}) \tag{2-39}$$

式中 y_{c1}——弯拉强度试件标准压实度(95%);

y_{c2}——路面芯样压实度下限值(由芯样压实度统计得出);

α——相应于压实度变化 1%的弯拉强度波动值(通过试验得出)。

其他符号意义同前。

2)工作性

碾压混凝土出搅拌机口的改进 VC 值宜为 5~10 s;碾压时的改进 VC 值宜控制在(30±5)s。试验中的试样表面出浆评分应为 4~5 分。

3)耐久性

①处于严寒和寒冷地区的碾压混凝土面层或基层,应掺引气剂,其含气量宜符合表 2-39 的规定。

②面层碾压混凝土满足耐久性要求的最大水灰(胶)比和最小单位水泥用量应符合表 2-42 的规定。

表 2-42 面层碾压混凝土耐久性要求的最大水灰(胶)比和最小单位水泥用量

公路等级		二级公路	三、四级公路
最大水灰(胶)比		0.40	0.42
抗冰冻要求最大水灰(胶)比		0.38	0.40
抗盐冻要求最大水灰(胶)比		0.36	0.38
最小单位水泥用量(kg/m^3)	42.5 级	290	280
	32.5 级	305	300
抗冰(盐)冻要求最小单位水泥用量(kg/m^3)	42.5 级	315	310
	32.5 级	325	320

续上表

公路等级		二级公路	三、四级公路
掺粉煤灰时最小单位水泥用量(kg/m^3)	42.5 级	255	250
	32.5 级	265	260
抗冰(盐)冻掺粉煤灰最小单位水泥用量(42.5 级水泥)(kg/m^3)		260	265

(2)碾压混凝土原材料的使用应符合下列规定:

1)面层碾压混凝土粗、细骨料合成级配宜符合表 2-43 的要求,基层应符合《公路路面基层施工技术规范》JTJ 034 水泥稳定粒料的级配规定。

表 2-43　面层碾压混凝土粗细骨料合成级配范围

筛孔尺寸(mm)	19.0	9.50	4.75	2.36	1.18	0.60	0.30	0.15
通过百分率(%)	90~100	50~70	35~47	25~38	18~30	10~23	5~15	3~10

2)碾压混凝土中掺加粉煤灰时,可使用Ⅲ级或Ⅲ级以上的粉煤灰,不得使用等外粉煤灰。粉煤灰超量取代时,系数 k:Ⅰ级灰可取 1.4~1.8;Ⅱ级灰可取 1.6~2.0;碾压混凝土基层和复合式路面下面层用Ⅲ级灰宜取 1.8~2.2。

3)重要工程碾压混凝土的配合比的确定应采用正交试验法,一般工程可采用简捷法。

①正交试验法

a. 不掺粉煤灰的碾压混凝土正交试验可选用水量、水泥用量、粗骨料填充体积率 3 个因素;掺粉煤灰的碾压混凝土可选用水量、基准胶材总量、粉煤灰掺量、粗骨料填充体积率 4 个因素。每个因素选定三个水平,选用 $L_9(3^4)$ 正交表安排试验方案。

b. 对正交试验结果进行直观及回归分析,回归分析的考察指标:VC 值及抗离析性、弯拉强度或抗压强度、抗冻性或耐磨性。根据直观分析结果并依据所建立的单位用水量及弯拉强度推定经验公式,综合考虑拌和物工作性,确定满足 28 d 弯拉强度或抗压强度、抗冻性或耐磨性等设计要求的正交初步配合比。

②简捷法

A. 不掺粉煤灰的碾压混凝土配合比计算宜按下述步骤进行：

a. 按式(2-40)计算单位用水量：

$$W_{0c} = 137.7 - 20.55\lg VC \tag{2-40}$$

式中 W_{0c}——碾压混凝土的单位用水量，kg/m^3；

VC——碾压混凝土拌和物改进 VC 值，s。

b. 按式(2-41)计算灰水比，并取计算值与表 2-43 中规定值两者中的小值：

$$\frac{C}{W} = \frac{f_{cc}}{0.2156 f_s} - 0.798 \tag{2-41}$$

c. 按《普通混凝土配合比设计规程》中规定计算单位水泥用量，并取计算值与表 2-42 规定值两者中的大值。

d. 按表 2-44 选定配合比中粗骨料填充体积率 V_g。

表 2-44 粗骨料填充体积率 V_g(%)

砂细度模数 M_x	2.40	2.60	2.80	3.00
粗骨料填充体积率 V_g(%)	75	73	71	69

e. 按式(2-42)计算粗骨料用量

$$G_{0c} = \gamma_{cc} \frac{V_g}{100} \tag{2-42}$$

式中 G_{0c}——碾压混凝土粗骨料单位体积用量，kg/m^3；

γ_{cc}——碾压混凝土单位质量，kg/m^3；

V_g——粗骨料填充体积率，%。

f. 根据 G_{0c}、C_{0c}、W_{0c} 及相应原材料密度，按体积法计算用砂量 S_{0c}，计算时应计入设计含气量。

g. 按《普通混凝土配合比设计规程》中规定计算单位外加剂用量。

B. 掺粉煤灰的碾压混凝土配合比计算宜按下述步骤进行：

a. 按表 2-44 选定粗骨料填充体积率 V_g，由公式(2-42)计算单位体积

粗骨料用量 G_{0c}。

b. 按初选粉煤灰超量取代系数 k，并按经验或正交试验分析结果选定代替水泥的粉煤灰掺量 F_c。

c. 按式(2-43)计算单位用水量：

$$W_{0fc} = 135.5 - 21.1\lg VC + 0.32F_c \quad (2\text{-}43)$$

式中 W_{0fc}——掺粉煤灰的碾压混凝土单位用水量，kg/m³；

F_c——代替水泥的粉煤灰掺量，%。

d. 按式(2-44)计算基准胶材总量：

$$J = 200(f_{cc} - 7.22 + 0.025F_c + 0.023V_g) \quad (2\text{-}44)$$

式中 J——碾压混凝土中单位体积基准胶材总量，kg/m³。

e. 按式(2-45)计算单位水泥用量，并应取计算值与表2-42规定值两者中大值；

$$C_{0fc} = J\left(1 - \frac{F_c}{100}\right) \quad (2\text{-}45)$$

f. 按式(2-46)计算单位粉煤灰总用量：

$$F_{cc} = C_{0fc} \times F_c \times k \quad (2\text{-}46)$$

式中 C_{0fc}——掺粉煤灰的碾压混凝土单位水泥用量，kg/m³；

F_{cc}——单位粉煤灰总用量，kg/m³；

k——粉煤灰超量取代系数。

g. 按式(2-47)计算总水胶比，应取计算值与表2-42规定值两者中小值：

$$J_z = \frac{W_{0fc}}{C_{0fc} + F_{cc}} \quad (2\text{-}47)$$

式中 J_z——碾压混凝土中总水胶比。

h. 根据 G_{0c}、C_{0fc}、F_{cc}、W_{0fc} 及相应原材料密度，按体积法计算单位用砂量 S_{0c}，计算时应计入设计含气量。

i. 按式(2-48)计算单位外加剂用量：

$$Y_{0fc} = y_f(C_{0fc} + F_{cc}) \quad (2\text{-}48)$$

式中 Y_{0fc}——掺粉煤灰的碾压混凝土单位外加剂用量，kg/m^3；

y_f——掺粉煤灰的碾压混凝土外加剂掺量。

(十一)关于贫混凝土配合比设计的探讨

(1)基层贫混凝土配合比设计在兼顾经济性的同时还应满足下列三项技术要求：

1)强度

基层贫混凝土设计强度应符合表2-45的规定。

表2-45 贫混凝土基层的设计强度标准值(MPa)

交通等级	特重	重	中等
7 d施工质检抗压强度f_{cu7}	10.0	7.0	5.0
28 d设计抗压强度标准值$f_{cu,k}$	15.0	10.0	7.0
28 d设计弯拉强度标准值$f_{c,k}$	3.0	2.0	1.5

2)工作性

贫混凝土的坍落度应满足表2-37或表2-38的要求。基层贫混凝土中应掺粉煤灰，粉煤灰的品质、掺量和超量取代系数与碾压混凝土要求相同。

3)耐久性

①满足耐久性要求的贫混凝土最大水灰(胶)比宜符合表2-46的规定。

表2-46 满足耐久性要求的贫混凝土最大水灰(胶)比

交通等级	特重	重	中等
最大水灰(胶)比	0.65	0.68	0.70
有抗冻要求的最大水灰(胶)比	0.60	0.63	0.65

② 在基层受冻地区，贫混凝土中应掺引气剂，并控制贫混凝土含气量为4%±1%。当水灰(胶)比不能满足抗冻耐久性要求时，宜使用引气减水剂。当高温摊铺坍落度损失较大时，可使用引气缓凝减水剂。

(2)贫混凝土配合比可按下述步骤进行计算：

1)配制28 d抗压强度$f_{cu,0}$可按式(2-48)计算：

$$f_{cu,0} = f_{cu,k} + t_1 s_1 \tag{2-49}$$

式中 $f_{cu,0}$——贫混凝土配制 28 d 抗压强度,MPa;

$f_{cu,k}$——混凝土 28 d 设计抗压强度标准值,按表 2-45 取值,MPa;

t_1——抗压强度保证率系数,高速公路应取 1.645;一级公路应取 1.28;二级公路应取 1.04;

s_1——抗压强度标准差,宜按不小于 6 组统计资料取值;无统计资料或试件组数小于 6 组时,可取 1.5,MPa。

2)水胶比应按《普通混凝土配合比设计规程》规定计算,并取计算值与表 2-46 规定值两者中的小值。

3)贫混凝土单位水泥用量可按式(2-50)计算:

$$C_p = 0.5\zeta C_0 \tag{2-50}$$

式中 C_p——贫混凝土的单位水泥用量,kg/m³;

ζ——工作性及平整度放大系数,可取 1.1~1.3;

C_0——路面混凝土单位水泥用量,kg/m³。

4)掺用粉煤灰时,单位胶材总量可按式(2-51)计算:

$$J_z = 0.5C_0(1 + F_p k) \tag{2-51}$$

式中 J_z——单位胶材总量,kg/m³;

F_p——代替水泥的粉煤灰掺量,可取 0.15~0.30;

k——粉煤灰超量取代系数,可按表 2-12 取值。

5)不掺粉煤灰贫混凝土的单位水泥用量宜控制在 160~230 kg/m³ 之间;在基层受冻地区最小单位水泥用量不宜低于 180 kg/m³。掺粉煤灰时,单位水泥用量宜在 130~175 kg/m³ 之间;单位胶材总量宜在 220~270 kg/m³ 之间;基层受冻地区最小单位水泥用量不宜低于 150 kg/m³;

6)根据水灰(胶)比和单位水泥(胶材)用量,计算单位用水量。

7)砂率可按表 2-47 初选。

8)砂、石料用量可用质量法或体积法计算。在采用体积法计算时,应计入含气量。

表 2-47 基层贫混凝土的砂率

砂细度模数		2.2~2.5	2.5~2.8	2.8~3.1	3.1~3.4	3.4~3.7
砂率 S_P(%)	碎石混凝土	24~28	26~30	28~32	30~34	32~36
	卵石混凝土	22~26	24~28	26~30	28~32	30~34

注:碎卵石可在碎石和卵石混凝土之间内插取值。

(十二)关于喷射混凝土配合比设计的探讨

(1)喷射混凝土的原材料应符合下列规定:

喷射混凝土的原材料主要是指水泥、骨料、拌和水和外加剂等。

1)水泥是喷射混凝土中的关键性原材料,对水泥品种和强度等级的选用主要应满足工程环境条件和工程使用要求。一般情况下,喷射混凝土应优先选用不低于强度等级42.5的硅酸盐水泥或普通硅酸盐水泥,必要时可选用特种水泥。应特别注意的是,选择水泥品种时要注意其与速凝剂的相容性。如果水泥品种选择不当,不仅可以造成急凝或缓凝、初凝与终凝时间过长等不良现象,而且会增大回弹量、影响喷射混凝土强度的增长,甚至会造成工程的失败。

2)喷射混凝土宜采用细度模数大于2.5、质地坚硬的中粗砂。砂子过细会使混凝土干缩增大,过粗会使喷射时回弹增大。砂子的其他技术指标应满足有关标准要求。

3)喷射混凝土所用粗骨料的最大粒径不宜大于16 mm,宜采用连续粒级级配,其余指标应符合有关标准规定。

4)用于喷射混凝土的外加剂主要有速凝剂、引气剂、减水剂、早强剂和增黏剂等。使用速凝剂的主要目的是使喷射混凝土速凝快硬,减少混凝土的回弹损失,防止喷射混凝土因重力作用而引起脱落,提高其在潮湿或含水岩层中使用的适应性能,也可以适当加大一次喷射厚度和缩短喷射层间的间隔时间。掺加速凝剂的喷射混凝土与不掺者相比后期强度往往损失30%左右。这是因为掺加速凝剂的水泥石中先期形成了疏松的铝酸盐水化物结构,以后虽有C_3S和C_2S水化物填充,但已使硅酸盐颗粒分离,妨碍了硅酸盐水化物在单位面积内达到最大附着和凝聚所必需的紧密接触。速凝剂的掺量应适宜,大多数速凝剂的最佳掺量为水泥质量的2.5%~4.0%,若掺量超过4.0%,不仅后期强度将严重降低,而且凝结时间反而增长。喷射混凝土亦可按需要掺入其他外加剂,其掺量应通过试验确定。

(2)喷射混凝土配合比应符合下列规定:

喷射混凝土配合比的设计要求和设计方法与普通混凝土基本相似,但由于施工工艺有很大差别,所以还必须满足一些特殊要求。无论干喷法或湿喷法施工,拌和料设计必须符合下列要求:

1)必须具有良好的黏附性,喷射到指定的厚度,获得密实均匀的混凝土。

2)具有一定的早强作用,4~8 h的强度应能具有控制地层变形的能力,强度达到1.5 MPa。

3)在速凝剂用量满足可喷性和早期强度的条件下,必须达到设计的28 d强度。

4)工程施工中粉尘浓度较小,且不发生管路堵塞;混凝土回弹量较少,一般侧壁不大于15%,拱顶不大于25%。

5)喷射混凝土设计要求的其他性能,如耐久性、抗渗性和抗冻性等。

6)配合比设计时下列数据可供选择:

①胶骨比宜为1∶4~1∶5。胶凝材料过小,混凝土回弹量大,并且初期强度增长速度慢;胶凝材料过大,增加施工中粉尘含量,并且混凝土的收缩也明显增加。

②水胶比宜为0.40~0.50。水胶比过小,混凝土表面易出现干斑,回弹量和粉尘增大;水胶比过大,不仅混凝土宜跑浆、滑移开裂,而且强度降低很大。

③砂率宜为45%~60%。砂率过小,混凝土回弹量大,且容易堵管;砂率过大,混凝土收缩大,强度低。

④胶凝材料用量不宜小于400 kg/m^3。

⑤混凝土拌和物的坍落度宜为80~130 mm。

⑥如掺钢纤维时,一般不宜大于78.5 kg/m^3(体积率1.0%),最小用量

可按表 2-48 考虑。

表 2-48 钢纤维喷射混凝土中钢纤维的最小掺量

长径比	40	45	50	55	60	65	70	75	80
掺量(kg/m^3)	65	50	40	35	30	25	20	20	20
体积率(%)	0.83	0.64	0.51	0.45	0.38	0.32	0.25	0.25	0.25

喷射混凝土配合比设计的仅仅是理论配合比,因为不可避免的回弹量使得喷射后实际形成结构的配合比与理论配合比相差较大。目前,理论配合比与实际形成的配合比之间尚无明确的关系,主要靠经验和实体试验结果具体确定配合比。

(十三)关于离心成型混凝土配合比设计的探讨

(1)离心混凝土的特点

1)水胶比降低,强度提高:混凝土在模型旋转过程中,离心力将密度大的混凝土挤压至模壁而成型;部分水和空气因离心力小而留在模内而形成空心。其排出的水量为原始用水的 25%~35%,同时也带走 5%~8%的水泥。因剩余的水胶比较原始水胶比小,混凝土的强度因而提高。

2)密度和材料用量增加:混凝土经离心挤压后,密度比普通混凝土提高了 3%~4%,因而增加了用料量。计算投料量时应考虑此值,以出料系数 K_b 表示。其计算式见式(2-52),K_b 值见表 2-49。

$$离心混凝土投料量=\frac{普通混凝土投料量}{K_b} \tag{2-52}$$

表 2-49 离心混凝土的出料系数 K_b

每立方米混凝土原始水泥用量(kg)	K_b
600	0.91
500	0.92
400	0.93

(2)原材料选用

1)水泥:通常使用硅酸盐水泥、普通硅酸盐水泥或矿渣硅酸盐水泥。火山灰质水泥因其混合材质量小,在离心力作用下,不易与砂、石同步外压，而被砂、石排挤在内壁，因而减弱了混凝土强度，严禁采用。

2）粗细骨料：通常使用中粗砂，细度模数控制在2.7~3.2之间。离心混凝土成型后骨料排列比较紧密，有足够的砂浆包裹粗骨料便可。配合比通常不考虑砂率而考虑砂灰比，砂灰比值列于表2-50。粗骨料粒径不宜过大，通常不大于20 mm。粒型要求较规整，针片状颗粒含量应严格控制、不多于10%，软弱颗粒含量应小于3%。

表2-50　离心混凝土的砂灰比值

每立方米混凝土水泥用量（kg）	砂灰比
350	1.6~1.7
400	1.4~1.5
500	1.2~1.3
600	1.0~1.1

3）外加剂：可以使用高效减水剂。离心制品为使模具迅速周转，一般均采用蒸汽养护，因而不得使用引气剂。某些木质素或糖蜜类减水剂有缓凝和引气作用，也不得使用。其他外加剂应通过试验后方可采用。

4）掺和料：常压蒸汽养护的生产流程一般不掺用掺和料。但采用二次高压蒸汽养护时，可掺入磨细石英砂。磨细砂在高压高温条件下，将原来的水泥水化形成的凝胶体与磨细砂中的SiO_2水热合成为托勃莫来石，强度可大大提高，又可节约水泥。石英砂中SiO_2的含量应不少于65%，以超过90%为佳，含量越大则强度提高越显著。磨细砂的细度要求比表面积应大于水泥。如采用二次高压蒸汽养护掺用磨细石英砂时，可用内掺法。磨细石英砂等量取代水泥，其取代量以水泥用量的20%~30%为佳。这是配制C80~C90高强混凝土的措施之一。

（3）工艺制度与制品强度的关系

离心成型后水胶比减少和强度提高，以强度提高系数K_1表示。通常$K_1=1.2\sim1.4$。

当采用常压蒸汽养护时，蒸汽影响混凝土内水分膨胀，削弱了刚刚形成水泥凝胶的强度。这个损失称为常压蒸汽养护条件系数，以K_2表示。当再进行二次高压蒸汽养护,使混凝土内部合成托勃莫来石,强度大大提高。此时强度的提高,与配合比的水胶比无关,在计算水胶比时,不再考虑其系数。

(4)配合比设计

离心混凝土配合比设计,除不采用砂率改用砂灰比外,其他基本与普通混凝土相同。

1)配制强度按《普通混凝土配合比设计规程》规定计算。

2)水胶比因离心前后不同,配合比设计仍用离心前水胶比,称为原始水胶比。按《普通混凝土配合比设计规程》规定计算,再加上离心工艺的两个系数,推导出水胶比公式如下:

碎石离心混凝土水胶比公式:

$$\frac{W}{B}=\frac{0.53f_{ce}\cdot K_1\cdot K_2}{f_{cu,0}+0.53\times 0.20\cdot f_{ce}} \tag{2-53}$$

卵石离心混凝土水胶比公式:

$$\frac{W}{B}=\frac{0.49f_{ce}\cdot K_1\cdot K_2}{f_{cu,0}+0.49\times 0.13\cdot f_{ce}} \tag{2-54}$$

式中 $\frac{W}{B}$——水胶比;

f_{ce}——水泥实际强度,MPa;

$f_{cu,0}$——离心混凝土配制强度,MPa;

K_1——离心混凝土强度提高系数;

K_2——常压蒸汽养护条件系数,采用硅酸盐水泥或普通硅酸盐水泥时 $K_2=0.8\sim0.92$,采用矿渣硅酸盐水泥时 $K_2=1.0$。

3)用水量按《普通混凝土配合比设计规程》规定确定。

4)水泥用量按《普通混凝土配合比设计规程》规定计算。

5)砂石总用量按《普通混凝土配合比设计规程》中质量法或体积法计算。如用质量法则容重为 2 400~2 450 kg/m^3;如用体积法则 $\alpha=0$。

6)按表 2-50 计算砂用量。

7)石子按《普通混凝土配合比设计规程》规定计算。

8)试配:程序与《普通混凝土配合比设计规程》试配相同,但试件成型方法用离心试模和试验用离心机。按式(2-51)计算投料配合比。每立方米混凝土投料配合比总用料量通常大于2 500 kg,但因离心成型时会排出水和水泥,成型后混凝土的表观密度约为2 500 kg/m^3。

例2-4:有预应力高架桥管柱一批。标准管柱尺寸为ϕ1.2 m,l=10 m,壁厚150 mm,设计强度等级C60。已知搅拌站施工水平的强度标准差σ=5.6 MPa。拟用强度等级为62.5级的硅酸盐水泥(P.Ⅱ),经检测其实际强度f_{ce}=67.0 MPa,密度=3.1×10^3 kg/m^3。采用中砂,细度模数为2.7~3.2,密度=2.65×10^3 kg/m^3。碎石为连续级配5~20 mm粒级,密度=2.7×10^3 kg/m^3。混凝土入模坍落度要求为55~70 mm。不掺外加剂,按常规离心工艺制度操作。设K_1=1.25,K_2=0.85。请设计其配合比。

①配制强度:

$$f_{cu,0} = 60 + 1.645 \times 5.6 = 69.2\text{MPa}$$

②水胶比:

$$\frac{W}{B} = \frac{0.53 \times 67 \times 1.25 \times 0.85}{69.2 + 0.53 \times 0.20 \times 67} = 0.49$$

③每立方米混凝土用水量:坍落度为55~70 mm,碎石粒级为20 mm时,经查表得:

$$m_{w0} = 205\ \text{kg}$$

④每立方米混凝土水泥用量:

$$m_{c0} = \frac{205}{0.49} = 418\ \text{kg}$$

⑤每立方米混凝土砂用量,查表2-50,取砂灰比=1.25;

$$m_{s0} = 418 \times 1.25 = 523\ \text{kg}$$

⑥每立方米混凝土石子用量,按质量法计算,设m_{cp}=2 400 kg,则碎石用量:

$$m_{g0} = 2\,400 - 205 - 418 - 523 = 1\,254\ \text{kg}$$

⑦初步配合比：

$$m_{w0}:m_{c0}:m_{s0}:m_{g0}=205:418:523:1254=0.49:1:1.25:3.00$$

⑧试配：假设试配阶段调整的结果与初步配合比相同，每立方米混凝土投料量应按公式(2-51)计算，取 $K_b=0.925$，则：

$$m_{w0}=\frac{205}{0.925}=222\ \text{kg}$$

$$m_{c0}=\frac{418}{0.925}=452\ \text{kg}$$

$$m_{s0}=\frac{523}{0.925}=565\ \text{kg}$$

$$m_{g0}=\frac{1\ 254}{0.925}=1\ 356\ \text{kg}$$

⑨复核：

每立方米混凝土总投料量=222+452+565+1 356=2 595 kg

按离心混凝土的特点，成型过程排出一部分水和少量水泥。设排出30%的水和6.5%的水泥，则每立方米混凝土中：

排出水量=222×30%=66.6 kg

排出水泥量=452×6.5%=29 kg

再核实每立方米混凝土剩余总用料量=2 595−66.6−29=2 499 kg

(十四)关于清水混凝土配合比设计的探讨

清水混凝土是指直接利用混凝土成型后的自然质感作为饰面效果的混凝土。根据混凝土表面的装饰效果和施工质量验收标准分为三类：普通清水混凝土、饰面清水混凝土、装饰清水混凝土。普通清水混凝土为硬化后表面颜色无明显色差，对饰面效果无特殊要求的混凝土；饰面清水混凝土为硬化后表面颜色基本一致，由有规律排列的对拉螺栓孔眼、明缝、蝉缝、假眼等组合形成的，以自然质感为饰面效果的混凝土；装饰清水混凝土为利用混凝土的拓印特性在混凝土表面形成装饰图案、预留预埋装饰物或彩色的混凝土。

(1)模板选型与设计

1)模板面板要求板材强度高、韧性好、加工性能好,具有足够的刚度。

2)模板表面平整光洁、无污染、无破损。

3)模板龙骨顺直,规格一致,和面板紧贴,连接牢固,具有足够的刚度。

4)对拉螺栓满足设计位置的要求,最小直径要满足墙体受力要求。

5)面板配置要满足对拉螺栓孔眼和明缝、蝉缝的排布要求。

6)模板尽量做到定型化拼装,加工精度高,操作简便。

7)建议选择的模板类型见表2-51。

表2-51　清水混凝土建议选择的模板类型

清水混凝土表面分类	建议模板类型
普通清水混凝土	木梁木胶合板模板、钢框胶合板大模板、轻型钢木模板、全钢模板、木框胶合板模板
饰面清水混凝土	木梁木胶合板模板、钢框胶合板大模板、不锈钢或PVC板贴面模板
装饰清水混凝土	50 mm厚木板、全钢装饰模板、铸铝装饰模板、木胶合板装饰模板

(2)原材料要求

1)水泥:宜选用硅酸盐水泥或普通硅酸盐水泥,且强度不低于42.5级。

2)矿物掺和料:应选用优质的粉煤灰、磨细矿渣粉、硅灰、天然沸石粉。

3)细骨料:应选择质地坚硬,级配良好的河砂或人工砂,细度模数应大于2.6(中砂),含泥量小于3.0%,泥块含量小于1.0%。

4)粗骨料:应选用连续级配,颜色均匀、洁净,含泥量小于1.0%,泥块含量小于0.5%,针片状颗粒含量不大于15%。

5)涂料:应选用对混凝土表面具有保护作用的透明涂料,且应有防污染、憎水性、防水性。清水混凝土常用涂料品种见表2-52。

表 2-52 清水混凝土常用涂料品种

<table>
<tr><th>序号</th><th>种　类</th><th colspan="2">类　别</th><th>备注</th></tr>
<tr><td rowspan="6">1</td><td rowspan="6">涂膜型涂料</td><td>热塑型涂料</td><td>丙烯树脂涂料</td><td>着色透明</td></tr>
<tr><td>热硬化性合成树脂</td><td>聚氨酯树脂涂料</td><td>着色透明</td></tr>
<tr><td rowspan="2">混合型合成树脂</td><td>干燥型氟树脂涂料</td><td>着色透明</td></tr>
<tr><td>丙烯硅酮树脂涂料</td><td>着色透明</td></tr>
<tr><td rowspan="2">氟碳树脂</td><td>水性氟碳树脂涂料</td><td>完全透明</td></tr>
<tr><td>油性氟碳树脂涂料</td><td>完全透明</td></tr>
<tr><td rowspan="6">2</td><td rowspan="6">渗透防水涂料</td><td rowspan="3">非硅酮类</td><td>丙烯树脂单体类</td><td>着色透明</td></tr>
<tr><td>丙烯树脂齐聚物类</td><td>着色透明</td></tr>
<tr><td>聚氨酯树脂齐聚物类</td><td>着色透明</td></tr>
<tr><td rowspan="3">硅酮类</td><td>硅网类</td><td>着色透明</td></tr>
<tr><td>硅烷化合物类</td><td>着色透明</td></tr>
<tr><td>硅酮类</td><td>着色透明</td></tr>
</table>

(3)配合比设计要求

1)清水混凝土的配合比设计可按《普通混凝土配合比设计规程》的规定进行。

2)砂率宜在35%~42%的范围内;水泥用量不应低于300 kg/m^3;在满足技术要求的前提下,宜采用低胶凝材料用量;粗骨料用量不宜低于1 000 kg/m^3;细骨料用量不宜低于620 kg/m^3。同时,为满足体积稳定性的要求,各等级混凝土的最大水胶比不宜超过0.45。

(4)制备和运输

1)搅拌清水混凝土时应采取强制式搅拌设备,每次搅拌时间宜比普通混凝土延长20~30 s。

2)制备成的清水混凝土拌和物工作性能应稳定,且无泌水离析现象,90 min坍落度经时损失宜小于30 mm。

3)清水混凝土拌和物入泵坍落度值:柱的混凝土宜为(150±20)mm,墙、梁、板的混凝土宜为(170±20)mm。

第三章

现代混凝土配合比设计的基础知识

第一节　现代混凝土工作性能配合比设计的基础知识

一、工作性能概念

在土木工程建设过程中,为获得密实均匀的混凝土结构以及方便施工操作(拌和、运输、浇筑、振捣等过程),要求新拌混凝土必须具有良好的施工性能,如保持新拌混凝土不发生分层、离析、泌水等现象。这种新拌混凝土施工性能称之为混凝土的工作性能。

混凝土拌和物的工作性能是一项综合技术性能,包括流动性、黏聚性和保水性三方面的含义。

(1)流动性

流动性是指新拌混凝土在自重或机械振捣作用下,能够流动并均匀密实地填充模板的能力。流动性的大小直接影响浇捣施工的难易和硬化混凝土的质量。若新拌混凝土太干稠,则难以成型与捣实,且容易造成内部或表面孔洞等缺陷;若新拌混凝土过稀,经振捣后易出现水泥浆或水分上浮而石子等大颗粒骨料下沉的分层离析现象,影响混凝土质量的均匀性及成型的密实性。

(2)黏聚性

黏聚性是指新拌混凝土的组成材料之间具有一定的黏聚力,确保不致发生分层、离析现象,使混凝土能保持整体均匀稳定的性能。黏聚性差的新拌混凝土,容易导致石子与砂浆分离,振捣后容易出现蜂窝、空洞等现象。黏聚性过强,又容易导致混凝土流动性变差,振捣成型困难。

(3)保水性

新拌混凝土保持其内部水分的能力称为保水性。保水性好的混凝土在施工过程中不会产生严重的泌水现象。保水性差的混凝土会使一部分水易从内部析出至表面,在水渗流之处留下许多毛细管孔道,成为硬化混凝土内部的透水通路。

综上所述,新拌混凝土的流动性、黏聚性及保水性之间相互关联和制约。黏聚性好的新拌混凝土,往往保水性也好,但其流动性可能较差;流动性大的新拌混凝土,往往黏聚性和保水性有变差的趋势。随着现代混凝土技术的发展,混凝土目前往往采用泵送施工工艺,对新拌混凝土的工作性能要求很高,三方面性能必须协调统一,才能既满足施工操作要求,又确保硬化混凝土质量良好。

二、工作性能测试方法

由于新拌混凝土工作性能内涵较复杂,所以目前尚没有一种能够全面有效反映混凝土拌和物工作性能的测定方法和指标。

根据现行标准《普通混凝土拌和物性能试验方法》GB/T 50080,土木工程建设中通常采用坍落度法或维勃稠度法来测定新拌混凝土的流动性,并辅以其他方法或经验,结合直观观察来评定其黏聚性和保水性,从而综合判定其工作性能。

通常对较稀、在自重作用下具有可塑性或流动性的新拌混凝土采用坍落度法;而对于较干硬的新拌混凝土,采用维勃稠度法。

(1)坍落度法

坍落度法的测定方法是:将新拌混凝土分三层装入圆锥形筒(标准坍

落度圆锥筒)内,每层均匀捣插 25 次,捣实后每层高度为筒高的 1/3 左右,抹平后将圆锥筒垂直平稳地向上提起,新拌混凝土锥体就会在自重作用下坍落,坍落高度即为混凝土拌和物的坍落度值(单位为 mm)。新拌混凝土的坍落度值越大,表明其流动性越好,如图 3-1 所示。

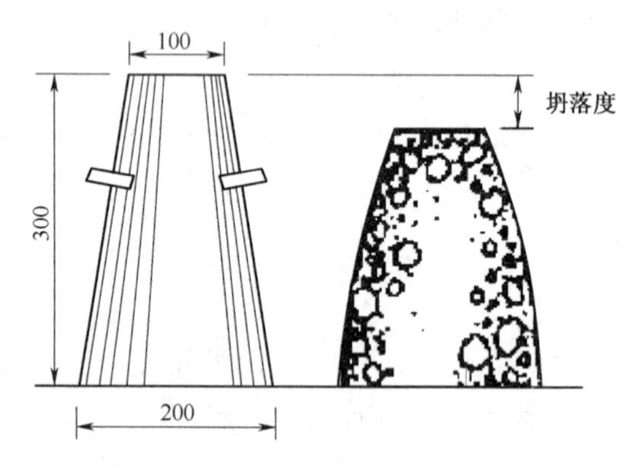

图 3-1　新拌混凝土坍落度测试示意图(单位:mm)

在测定坍落度的同时,应观察新拌混凝土的黏聚性和保水性,从而全面地评价其工作性能。

黏聚性的检查方法是:用捣棒轻轻敲击已坍落的新拌混凝土锥体。若锥体四周逐渐下沉,则黏聚性良好;若锥体倒塌或部分崩裂,或发生离析现象,则表示黏聚性不好。

保水性的观察方法是:根据新拌混凝土中稀浆析出的程度来评定。若坍落度筒提起后混凝土拌和物失浆而骨料外露,或较多稀浆自底部析出,则表示此混凝土拌和物保水性差;若坍落度筒提起后无析浆或仅有少量浆体由底部析出,则表明新拌混凝土的保水性良好。另外,常压泌水率和压力泌水率的数值也可以用来表示保水性的优劣。

根据新拌混凝土坍落度值的大小,可将流动性划分为四个级别的混凝土:干硬性混凝土:坍落度小于 10 mm;塑性混凝土:坍落度 10~90 mm;流动性混凝土:坍落度 100~150 mm;大流动性混凝土:坍落度大于 160 mm。

坍落度试验方法不适用于骨料最大粒径大于 40 mm 或坍落度值为小

于 10 mm 的新拌混凝土。

目前一种新型的大流动性混凝土——自密实混凝土引起了土木工程界的广泛关注。它是通过外加剂、胶凝材料、粗细骨料的选择和配合比的设计,使混凝土拌和物屈服值减小且又具有足够的塑性黏度,粗细骨料能够不离析、浆体不泌水,在不用或基本不用振捣的成型条件下能充分填充在模板及钢筋空隙内,形成密实而均匀混凝土结构的一种现代混凝土。新拌自密实混凝土的坍落度通常在 250~270 mm 范围之间,扩展度在 550~700 mm 范围内。

自密实混凝土的主要特点是无须振捣而能自己密实。在实际施工中自密实混凝土消除了浇筑混凝土时的振捣噪声,提高了施工速度和质量,实现了混凝土浇筑的省力化;能改善有一定难度的混凝土施工,如过密配筋、薄壁、复杂形体、大体积、钢管混凝土的施工,高、深、快速施工,水下施工,以及具有特殊要求、振捣困难的工程施工,解决混凝土难于浇筑、振捣密实的问题。

(2)维勃稠度法

对坍落度小于 10 mm 干硬性混凝土拌和物的流动性采用维勃稠度指标来表征,其检测仪器称为维勃稠度仪(图 3-2)。

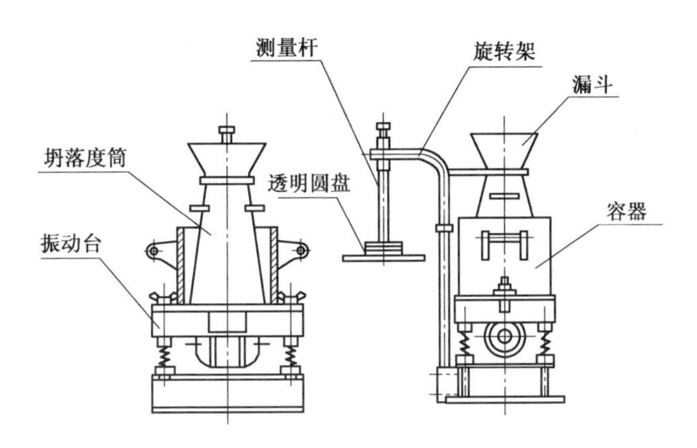

图 3-2 维勃稠度仪

维勃稠度法的具体测定方法是:将混凝土拌和物按规定方法装入截头圆锥筒内,装满刮平后,将圆锥筒垂直向上提起。在新拌混凝土锥体顶面盖一透明玻璃圆盘,然后开启振动台并记录时间,从开始振动至玻璃圆盘底面布满水泥浆时所经历的时间(单位为 s),即为新拌混凝土的维勃稠度值。

三、新拌混凝土工作性能的结构模型

为了寻找出影响新拌混凝土工作性能的各因素,需要弄清楚新拌混凝土的结构模型。下面以一个具体的新拌混凝土为例,对其结构加以分析。如混凝土各材料用量为:水泥 290 kg/m^3、粉煤灰 72 kg/m^3、用水量 188 kg/m^3、外加剂 3. 62 kg/m^3、砂 736 kg/m^3、石 1 104 kg/m^3。搅拌之后得到的新拌混凝土如图 3-3 所示。

图 3-3　新拌混凝土

新拌混凝土是由浆体相和骨料相两部分组成。通过对新拌混凝土进行筛分,可制备得纯浆体相和纯骨料相两个拌和物,加筛分之前的新拌混凝土,共有三个拌和物。对这三个拌和物分别进行坍落度测试,结果为纯浆体相的坍落度接近 300 mm,纯骨料相的坍落度接近 0 mm,新拌混凝土的坍落介于前两个拌和物之间,假如为 220 mm。

新拌混凝土中骨料相的结构特点表现为空隙率和总的比表面积，如图3-4所示。三种骨料相的空隙率和总的比表面积各不相同。图(a)骨料相的空隙率最大，总的比表面积最小；图(c)骨料相的空隙率最小，总的比表面积最大；图(b)骨料相的空隙率和总的比表面积介于两者之间。

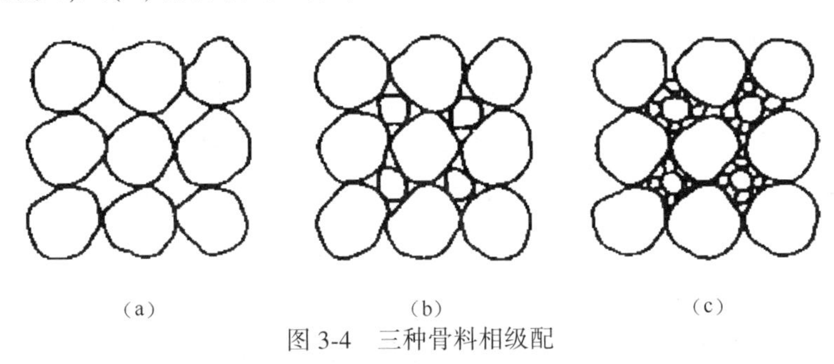

(a) (b) (c)

图3-4 三种骨料相级配

新拌混凝土中总浆体根据其作用不同，分为填充浆体和包裹浆体两部分。混凝土搅拌的目的就是将水泥、粉煤灰、水、外加剂等搅拌成浆体，同时将骨料搅拌均匀。填充浆体填充满骨料相空隙，剩余的包裹浆体就包裹在骨料相颗粒的表层。骨料相颗粒表面包裹的浆体层越厚，骨料相颗粒之间的摩擦力就越小，骨料颗粒也越容易滑动。

从浆体相、骨料相及新拌混凝土三个拌和物的工作性能测试结果可以看出，混凝土的坍落度大小本质上是受混凝土内部骨料颗粒向下坍落的难易程度决定的。浆体相自身的坍落度很大。纯骨料相中颗粒之间的摩擦力很大，与颗粒自身重力相当，所以其坍落度为0 mm。将浆体相和骨料相拌和成新拌混凝土后，由于骨料表层包裹了一层浆体，降低了颗粒之间的摩擦力，所以新拌混凝土的坍落度就表现出比纯骨料相的要大，又比纯浆体相小的行为特征。因此，可以得出这样的结论：新拌混凝土坍落度的大小是由混凝土中骨料颗粒表层包裹的浆体层厚度决定的。

四、影响新拌混凝土工作性能的因素

(1)浆体量和水胶比

在水胶比不变的情况下，浆体愈多，拌和物的流动性也愈大。但浆体过多,将会出现流浆现象;若浆体过少,则骨料之间缺少黏结物质,易使拌和物发生离析。这一结论可以从新拌混凝土工作性能的结构模型得到解释。浆体愈多,骨料相中颗粒表层包裹的浆体越厚,摩擦力越小,越容易滑动。

在胶凝材料用量、骨料用量不变的情况下,水胶比增大,浆体自身流动性增加,故拌和物流动性增大,反之则减小。但水胶比过大,拌和物的黏聚性和保水性将严重下降,容易造成分层离析和泌水现象;水胶比过小,会使拌和物流动性过低,影响施工。故水胶比一般应根据混凝土强度和耐久性要求合理地选用。

因此工程实际中绝不能以单纯加水的办法来增大流动性,而应在保持水胶比不变的条件下,以增加浆体量的办法来提高新拌混凝土的流动性。

(2)砂率

砂率对新拌混凝土的工作性能有很大影响。图 3-5 为水和胶凝材料用量一定条件下,砂率对坍落度的影响关系。

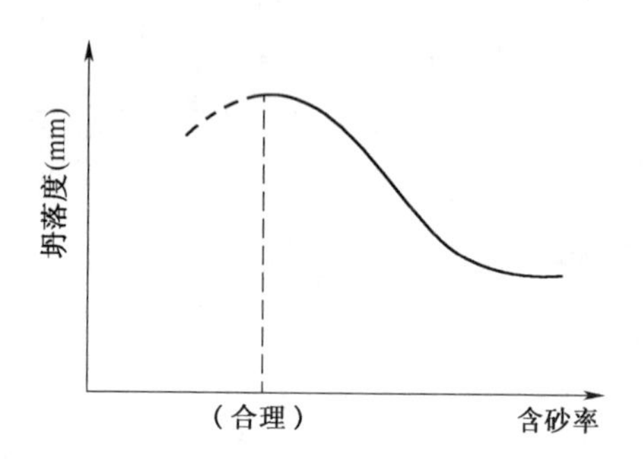

图 3-5　坍落度与砂率的关系(当水和水泥用量一定时)

从图 3-5 可以看出,砂率对混凝土拌和物流动性的影响主要表现在以下三个方面:在一定的砂率范围内,当砂率较低时,新拌混凝土的流动性较小,并且其黏聚性和保水性也较差;随砂率增大,拌和物流动性提高;当砂率增大超过一定范围后,流动性反而随砂率增加而降低。其原因是:砂率过低时,骨料相的空隙增大,需要更多的浆体去填充,导致骨料颗粒表层的包裹层浆体变薄;砂率太高时,骨料相总的比表面积增大,需要更多的浆体去包裹,导致骨料颗粒表层的包裹层浆体也变薄;当砂率合理时,骨料相的空隙率和总的比表面积匹配合理,填充浆体和包裹浆体的比例分配适宜,骨料颗粒表层包裹的浆体层最大。

适当的砂率不但填满了石子间的空隙,而且还能保证粗骨料间有一定厚度的砂浆层,以减小粗骨料间的摩擦阻力,使新拌混凝土获得较好的流动性。这个适宜的砂率,称为合理砂率。

在用水量一定的情况下,合理砂率能使新拌混凝土获得最大的流动性,并且在保持良好的流动性、黏聚性和保水性的同时,使胶凝材料用量达到最少。

(3)组成材料性质

1)水泥和矿物掺和料

水泥对拌和物工作性能的影响主要是水泥品种、水泥细度和水泥的需水量比。

硅酸盐或普通硅酸盐水泥所配制的新拌混凝土的流动性及黏聚性较好。混凝土中掺加矿渣、火山灰等矿物掺和料会造成需水量比提高,因此在用水量相同的条件下,用它们配制的新拌混凝土流动性较低。

2)骨料

骨料的品种、级配、颗粒形状、表面特征、粒径及有害物含量等对新拌混凝土工作性能的影响较大。级配好的骨料,其拌和物流动性较大,黏聚性与保水性较好;表面光滑的骨料,如河砂、卵石,其拌和物流动性较大;在一定程度内,骨料的粒径增大,总表面积减小,拌和物流动性就增大;含泥量或石粉含量、泥块含量越大,拌和物流动性越差。原因也是在于这些因素可以影响混凝土中骨料相颗粒表层包裹浆体层的厚薄。

3)外加剂

加入减水剂或引气剂可明显提高拌和物的流动性,引气剂还可以有效改善拌和物的黏聚性和保水性。原因是减水剂能使包裹自由水后形成的团聚水泥颗粒重新分散形成水泥浆体,从而影响新拌混凝土中骨料颗粒表层包裹浆体层的厚薄。

(4)存放时间及环境温度

存放时间对新拌混凝土的工作性能,尤其是流动性有较大影响。随着存放时间的延长,新拌混凝土逐渐变得越来越干稠,坍落度将逐渐减小。其原因是新拌混凝土中一部分水已参与水泥水化,另一部分水逐渐被骨料所吸收,还有一部分水被蒸发。这些因素综合作用的结果,使得新拌混凝土中骨料相颗粒表层包裹的浆体层厚薄发生变化,表现为新拌混凝土随着存放时间的延长流动阻力逐渐增大,坍落度逐渐损失。因此,在施工中测定工作性能时,应以施工现场使用前混凝土的坍落度为宜。

温度也会对新拌混凝土坍落度和流动性产生较大影响。随环境温度的升高,混凝土拌和物的流动性降低。这是由于温度升高加速了水泥的水化反应速率,增加了水分的蒸发,所以夏季施工时,为了保持一定的流动性应当提高拌和物的用水量。

(5)施工工艺的影响

同样的配合比设计,机械拌和的坍落度大于人工拌和的坍落度,且搅拌时间相对越长,则坍落度越大。

五、选择与改善工作性能的措施

土木工程中选择新拌混凝土工作性能时,应根据施工方法、结构构件截面尺寸大小、配筋疏密等条件,并参考有关资料及经验等来确定。原则上应在不妨碍施工操作并能保证振捣密实的条件下,尽可能采用较小的坍落度,以节约水泥并获得质量较好的混凝土。

一般情况下,非泵送法施工时坍落度可以按表 3-1 选用。而采用泵送法施工时,混凝土坍落度一般要求大于 120 mm。

表 3-1　不同结构对新拌混凝土坍落度的要求

项目	结构种类	坍落度(mm)
1	基础或地面等的垫层,无筋的厚大结构或配筋稀疏的结构构件	10~30

续上表

项目	结　构　种　类	坍落度(mm)
2	板、梁和大型及中型截面的柱子等	30~50
3	配筋密集的结构(薄壁、斗仓、筒仓、细柱等)	50~70
4	配筋特密的结构	70~90

表3-1中的数值是指采用机械振捣混凝土时的坍落度,当采用人工捣实时应适当提高坍落度值。对截面尺寸较小、形状复杂或配筋较密的构件,应选择较大的坍落度。对无筋厚大结构、钢筋配置稀疏易于施工的结构,尽可能选用较小的坍落度,以减少水泥浆用量。

在实际工程中,为改善新拌混凝土的工作性能,通常采取以下措施:

(1)改善砂、石(特别是石子)的级配

在可能的条件下,尽量采用较粗的砂、石。采用合理的砂率,可以改善新拌混凝土内部结构,获得良好的工作性能并节约水泥。

(2)增加浆体或者骨料用量

当新拌混凝土坍落度太小时,应在保持水胶比不变的情况下,增加适量的浆体用量;当坍落度太大时,应在保持砂率不变的情况下,增加适量的砂、石。

(3)掺用外加剂或矿物掺和料

掺用适当的外加剂或矿物掺和料可以在基本不改变混凝土组成材料的情况下,有效改善新拌混凝土的工作性能。

六、新拌混凝土的坍落度损失

从搅拌站加水搅拌到浇灌要经历一段时间,这段时间短则0.5 h,长则2~3 h。在这段时间内拌和料逐渐变稠,流动性(坍落度)逐渐降低,这就是所谓的坍落度损失。如果这段时间过长,环境气温又过高,坍落度损失可能很大,则将会给泵送、振捣等施工过程带来很大困难,或者造成振捣不密实,甚至出现蜂窝状缺陷;或者在施工现场工人随意补加用水,这是很坏的习惯。这两种情况都使混凝土强度和耐久性降低,严重的甚至造成质量事故。在工程实践中常出现这种情况:搅拌站出厂的拌和料做混凝土试块,其强度符合要求,而现场钻芯取样的混凝土强度低于设计等级,原因往往是在施工现场随意补给水。

流动性随时间降低的原因是:①水分蒸发;②水泥在形成混凝土的最早期开始水化,特别是 C_3A 水化形成水化硫铝酸钙需要消耗一部分水;③新形成的少量水化生成物表面吸附一些水。这几个原因都使游离水逐渐减少。

在正常情况下,从加水搅拌开始最初 0.5 h 内水化物很少,坍落度降低也只有 20~30 mm。随后坍落度以一定速率降低。如果从搅拌到浇筑或泵送时间间隔不长,环境气温不高(低于 30 ℃),坍落度的正常损失问题还不大,只需略提高预拌混凝土的初始坍落度以补偿运输过程中的坍落度损失。如果从搅拌到浇筑的时间间隔过长,气温又过高,或者出现混凝土早期不正常的稠化凝结,则必须采取措施解决过快的坍落度损失问题。

坍落度降低的速率主要取决于环境温度和湿度、胶凝材料组成和外加剂。

温度对坍落度损失的影响是很显著的,因为温度升高,最早期的水化加速。除温度外,环境湿度也有影响,因相对湿度低加速水分蒸发。特别在炎热干燥的气候条件下,坍落度损失加快。

水泥熟料组成对坍落度损失的影响主要在于熟料中碱(K_2O+Na_2O)的含量和 C_3A 的含量。高碱高 C_3A 水泥比低碱低 C_3A 的坍落度损失速率快得多。

水泥或混凝土中掺加矿渣、粉煤灰等混合材料能减缓坍落度损失,因为掺加矿物掺和料冲淡了碱和 C_3A 的浓度,而这些矿物掺和料在混凝土最早期是几乎不参与水化反应的。

有这样的实例:拌和料的非正常的过快的坍落度损失和过快的凝结归因于在水泥生产中掺加硬石膏。硬石膏的溶解速度慢,在水泥水化的最早期,C_3A 在 SO_4^{2-} 不足的液相中水化,造成迅速稠化和瞬凝。

不同的外加剂对坍落度损失有不同的影响。掺减水剂,特别是高效减水剂比不掺减水剂的坍落度损失明显增大,这也是在炎热地区或炎热季节使用高效减水剂须解决的一个问题。

当坍落度损失成为施工中的问题时,可采取下列一些措施以减缓坍落度损失:

(1)在炎热季节采取措施降低骨料温度和拌和水温;在干燥条件下采取措施防止水分过快蒸发。

(2)在混凝土设计时,考虑采用矿渣水泥或在制备混凝土时掺加粉煤灰等矿物掺和料。

(3)在采用高效减水剂的同时,掺加缓凝剂或引气剂或两者都掺。两者都有延缓坍落度损失的作用,缓凝剂作用比引气剂更显著。

七、混凝土的塑性收缩和最早期裂纹

从20世纪70年代末已故的瑞典混凝土学者S. G. Bergsfrom和他所领导的瑞典水泥和混凝土研究所开始重视混凝土最早期性能的研究。他所说的最早期是区别于一般所谓的早期(1~3 d),是介于新拌混凝土到混凝土达到一定成熟度之间的一个阶段。在这个阶段由于技术措施和施工不当产生的缺陷将使混凝土质量受到永久性的损害。现在他们的观点已获国际混凝土界的公认。本节讨论的塑性收缩和由其产生的裂纹也属混凝土最早期性能的一个问题。

众所周知,混凝土在硬化过程由于干燥脱水引起的体积收缩是混凝土出现裂纹的原因之一,但人们不太注意,某些裂纹在硬化前已经产生了,这是混凝土塑性收缩引起的。所谓塑性收缩是指新拌混凝土在凝结硬化前产生的体积减缩,因为这种收缩是在混凝土还处于塑性状态时发生的。

产生塑性收缩的原因是泌水和沉降以及水泥—水系统最早期水化引起的化学减缩。当收缩遇到限制产生应力,而在塑性阶段混凝土的强度很低,不足抵抗这收缩应力时,就可能产生裂纹。柱子和墙体,在浇筑后几小时内顶面会有所下沉,在下沉受到钢筋或骨料大颗粒的限制时会产生水平

裂纹。在混凝土板和路面，当表面蒸发失水的速率过快，超过泌水的速率，表面混凝土已相当稠硬，失去流动性，而强度却不足以抵抗塑性收缩受限制而产生的应力时，也会在板面或路面产生相互平行的裂纹，裂纹间距几个厘米至 10 cm。

泌水、沉降和化学减缩都是自发倾向，无法避免，但塑性阶段的裂纹却是应该和可以避免的。产生裂纹的原因主要是失水过快或者混凝土凝结过快，塑性收缩和凝结两者速度不协调。

在炎热干燥和大风的气候条件下，最易产生塑性阶段的早期裂纹，因为混凝土表面蒸发太快，此时必须采取相应措施，避免裂纹的产生，这些措施是：

(1)临时挡风设施，减小混凝土表面的风速；

(2)临时遮阳设施，降低表面温度；

(3)在浇筑与抹面间隔，临时覆盖塑料膜；

(4)尽量缩短浇筑与养护开始之间的时间；

(5)在抹面后立即用湿麻布覆盖、喷雾或用养护剂，减少蒸发。

如使用凝结时间快的水泥或掺加有促凝性的外加剂，如收缩补偿水泥、微膨胀剂、加速凝结的外加剂、含铝高的水泥等，常会出现表面的水平裂纹，这往往是由于塑性收缩引起的。这种现象尚不为人们所注意。控制方法是调节混凝土凝结时间，掺加缓凝成分的外加剂和适当提高水胶比。

第二节　现代混凝土强度配合比设计的基础知识

一、硬化混凝土的结构

材料的各种性能与其内部结构存在着密切的依存关系，不仅材料的内部结构往往决定了其性能，并且还可以适当改变结构对其性能予以改性。因此，现代混凝土材料的核心是结构与性能的关系。

在研究混凝土的各种性能(如：强度、弹性、收缩、徐变、开裂和耐久性等)时，必须从混凝土内部结构来认识其内在的因素和变化规律，以求达到改善其性能的目的。

混凝土内部结构十分复杂,因为混凝土具有高度的不均匀性,而且是多相(气相、液相、固相三者兼而有之)、多孔的材料。从宏观来看,可将混凝土视为由骨料颗粒分散在水泥浆基体中所组成的两相材料。通过微观测试,则显示出混凝土内部结构的复杂性,不仅前述的属固相的两相材料是随机分布且不均匀的,而且存在着毛细孔、孔隙及所含的气和水以及微裂缝等内在缺陷,这些对混凝土的性能都起着不可忽视的影响。在水泥石与骨料结合的界面,还存在过渡区。过渡区是围绕大骨料周围的一层薄壳,此处水泥石的结构与系统中水泥石本体的结构有明显的不同,其厚度一般为 10~15 μm,是混凝土结构中的一个薄弱环节。

硬化混凝土的结构是由 3 部分组成:①水泥石;②骨料;③水泥石和骨料间的过渡区。

(一)水泥石的结构

水泥颗粒,多数在 30~40 μm 大小。当与水混合后,水泥分散于水中,水泥熟料矿物及石膏将溶解于水或起水化反应,液相就为 Ca^{2+}、SO_4^{2-}、SiO_4^{4-}、OH^-和 AlO_2^-等离子所饱和。各离子相互反应,生成针状的钙矾石结晶体,这在几分钟内就会发生;几小时后,大的片柱状晶体 $Ca(OH)_2$和细小的纤维状水化硅酸钙生成,并填充于原先为水所占的空间。随着水化进行,生成的水化产物越来越多,晶体长大,钙矾石在硫酸盐不足的情况下还将转变为单硫型水化硫铝酸钙。在此过程中,水泥浆体从可塑性状态转变为坚固石状体,故有时将硬化的水泥浆体称为水泥石。在水泥石形成之前的状态,有时称为新拌水泥浆。虽然新拌水泥浆的结构对水泥石的结构影响很大,但有关这方面的文献报导却较少。

(1)水泥石结构的特点

从水泥石形成的过程可以看出,它是一个很复杂的体系:①包括了固、液、气(孔)3 相,而且各相中又并不是单一的组成;②从宏观、细观到微观看,水泥石都是不均匀的,水化产物的组成、结晶程度、颗粒大小、气孔大小和性质等方面都存在差别;③水泥石结构随条件而变化,如水胶比大小、外界温度、湿度和所处的环境等;④随水化的时间,结构也会发生变化。这些特点为研究水泥石的结构带来一定困难。

(2)水泥石中的固相

水泥石中的固相,除未水化的水泥颗粒外(这在水化很长时间内都会存在),主要是水化产物:氢氧化钙 CH、钙矾石 AFt、单硫型水化硫铝酸钙 AFm 和水化硅酸钙 C-S-H 凝胶。

1)氢氧化钙 CH

$Ca(OH)_2$是 C_3S 和 C_2S 水化时生成的产物,结晶良好,一般呈六角棱柱结构的特点。在氢氧化钙生长过程中如遇到其他颗粒的阻碍,如水泥颗粒,则会在其周围生长,并把单个的水泥粒子全部包围起来。随周围环境不同,CH 可以形成扁平六方大晶粒,细长的、薄的晶粒,或者是形成层状的由各 CH 片状结晶重叠而成的晶簇。

CH 在水泥石固相中约占 20%~25%。由于它结晶完好,有时在混凝土的内部孔洞中,肉眼也能见到 CH 大晶体,所以它的比表面积小。由于它还可能形成层状结构,易出现解理面处的最薄弱环节,这将导致水泥石力学性能的减弱。

2)AFt 和 AFm 相

钙矾石是水泥石中又一固相水化产物。它在水泥石中也是六角棱柱晶体,但是长径比很大,取决于生长的空间,所以在显微镜下常看到的是针状晶体。钙矾石在水泥水化初期在水泥颗粒周围即可见到,随它的生长,晶体相互交叉形成水泥浆体的初次网络结构。钙矾石晶体的形貌也随生长环境而变,当液相中 OH^- 和 Na^+ 离子浓度大时,会生成短而粗的晶体。

AFt 的结构式可以写成$[Ca_6\{Al(OH)_6\}_2 \cdot 24H_2O] \cdot (SO_4)_3 \cdot 2H_2O$。从 AFt 的结构特点可知:钙矾石中的 32 个 H_2O 处于 3 种状态,即参与结构的 OH^- 和结晶 H_2O,以及在柱状结构沟槽中的 H_2O 分子。当钙矾石受热时,它们的脱水顺序是先沟槽水、后结晶水、最后是结构水。这就是为什么在差热分析曲线上可以看到 AFt 的几个吸热温度。由于柱状结构单元相互连接的沟槽间的 SO_4^{2-} 离子很容易被其他离子所取代,从而可以把 AFt

的分子式写成通式 $C_3A \cdot 3CaX \cdot mH_2O$,X 是二价阴离子,如 CO_3^{2-}等,也可以是一价阴离子,如 Cl^-、NO_3^-、OH^-等。事实上,上述取代后的水化物也是常见的。取代可以是部分的,组成复杂的固溶体。Al^{3+}也可以被 Fe^{3+}取代,在水泥水化时,由于有 C_4AF 的存在,所以钙矾石中常有 Fe^{3+},有时写为 $C_3A(F) \cdot 3CaSO_4 \cdot 32H_2O$。

高温时当钙矾石的结构水脱去后,结构就遭破坏。在热力学上钙矾石也是不稳定的,它会随液相中 SO_4^{2-}离子、Al^{3+}和 Ca^{2+}的浓度变化而转化。当液相中 SO_4^{2-}和 Ca^{2+}离子不足时,钙矾石就转变为单硫型水化硫铝酸钙 $C_3A \cdot CaSO_4 \cdot 12H_2O$。这时结晶形态也转化为六方片状,同时使水泥石的性能降低。在普通硅酸盐水泥中,由于所加入的石膏量不足以使铝酸盐和铁铝酸盐完全转化为钙矾石,因此,在水泥石中经常不易见到针状钙矾石,而代之以六方片状 AFm 晶体。

3)水化硅酸钙 C-S-H 凝胶

与 CH、AFt、AFm 不同,水化硅酸钙没有固定的组成,因此不能用化学计量的分子式表达,而以 C-S-H 来代表,经常用 C/S 比和 H/S 比来表示它的组成。由于它的颗粒细小,在 1 nm~1 μm 左右,属胶体尺寸范围,故称之为凝胶。水泥石中 C-S-H 不论是化学组成或形貌均随水化的时间和液相中 Ca^{2+}浓度而变化。正因为它的组成不定,所以它与 SiO_4^{4-}阴离子之间的结合也是以多种状态存在。C-S-H 凝胶在水泥石中占 50%~75%,它对水泥石的性质起重要作用。

①C-S-H 凝胶的组成

一般常把水泥熟料中 C_3S、C_2S 水化时生成的水化产物写成 C_3S_2H,这仅是大概的表达,C/S 比实际上在 1.5~2.0 或更高,这取决于水泥浆体中 Ca^{2+}的浓度。若水泥中掺有粉煤灰、硅灰等混合材时,Ca^{2+}与其中 SiO_2反应,或与已生成的 C_3S_2H 反应,就使得 C/S 比低于 1.5。另一方面,在同一水泥石中所生成的 C-S-H 的 C/S 比也会不同。

C-S-H 中的含水量变化范围更大,它决定于环境的湿度。这是因为

C-S-H中 H_2O 呈各种不同状态，它在相对湿度下降或受热时会连续脱水，而没有固定的脱水温度。这也从另一方面说明 C-S-H 的水不是结晶水或结构水，现常把它称为凝胶水。

②C-S-H 凝胶的形貌

1976 年 S. Diamond 在扫描电子显微镜下对不同水化龄期的水泥浆体观察后提出，随水化龄期的延续，C-S-H 存在 4 种形貌，即：Ⅰ型是纤维状（包括管状或针状），约为 0.1～0.4 μm；Ⅱ型为网络状或蜂窝状的三维状态，在水泥石中最为常见；Ⅲ型是水化后期出现的不规则的等大粒子，约 0.1 μm 大小；Ⅳ型是所谓内部水化产物，是在原水泥颗粒处形成的，呈现多孔状，也在 0.1 μm 左右。

③C-S-H 凝胶的结构

C-S-H 可以粗略地看做是分解的黏土结构，是以硅酸盐，即$[SiO_4]^{4-}$四面体组成箔片，片与片之间由 Ca^{2+} 以静电引力相连接，水填充期间，其箔片是不规则的，可任意歪曲排列。箔片间的孔隙存在着毛细孔、微孔和层间孔。毛细孔可以填充水，干燥后形成孔，孔径约 1.6～100 nm。微孔的水可因受拆开压力的影响而使层与层分开，它与相对湿度有关，这涉及水泥浆体体积受湿度的影响而变化。层间水的存在则已经由水泥石吸湿后长度的变化、密度的变化得到证实。水在 C-S-H 的结构和性质中起重要作用。

C-S-H 具有高比表面积和高的表面能，使 C-S-H 处于高能状态。因此，若降低它的比表面积，也就降低其潜在能量，或者增大粒子间的离子—共价键，就会改变这类材料的物理性能。

（3）水泥石中的液相

水泥石中存在液相，它与水泥石中孔有一定关系，如毛细水、层间水、凝胶水脱去以后就成为相应的孔。水泥石中的水并非纯水，而是为其他离子所饱和的液体，它们的浓度与水化过程和水化产物有关，同时也对性能有影响。例如，若液相中 OH^- 浓度高，对钢筋保护起良好作用，但是对活性骨料则有可能引起碱—骨料反应。因此，必要时应了解水泥石液相的情况。一般用高压法将水泥石中液相压出（即压出非结合水或非蒸发水），作化学分析。也可以用水浸取法,从磨细的水泥石中将液相浸出,再作分析。当水泥石失去自由水时,不会引起它的体积变化,而在 5~50 nm 之间的细小毛细孔中的水失去后,会导致水泥石的收缩。

另一类是吸附于固相表面的吸附水,它受外界相对湿度的影响较大。当 RH<30%时,吸附水大部分就逸去,同时引起水泥石的收缩。至于层间水只存在于 C-S-H 结构中,它在 RH 更低,如 11%以下时才失去,并使C-S-H 结构发生明显的收缩。至于结合水已不属于水泥石结构组成部分,而是水化产物所特有的,与水泥石结构的关系很小。

(4)水泥石的孔结构

这是水泥石的重要组成之一。孔结构的概念包含了水泥石总的孔隙率、孔径大小分布、最大可几孔径等,当然还可以包含孔的形貌。水泥石中的孔结构对它的物理性能有很大的影响。

1)孔的分类

根据孔的大小和性质,可以把孔分为毛细孔和凝胶孔两大类,见表 3-2。

表 3-2 水泥石中孔的分类

名 称	直径(nm)	对水作用	对浆体性质的影响
大毛细孔	$50 \sim 10^4$	容易积水	强度、渗透性破坏
中等毛细孔	10~50	产生中等表面张力	强度、渗透性破坏,高温下收缩
细小毛细孔	10~25	产生强表面张力	在 RH=50%时收缩
	0.5~2.5	强吸附水	收缩、徐变
凝胶孔	<0.5	包含在结构内的水	收缩、徐变

毛细孔是未被水泥石固体组分填充的空间,并能产生毛细作用,形成弯月面。毛细孔的尺寸和体积与新拌水泥浆的 *W/B* 比和水化程度有关。对于水化良好的低水胶比浆体,水化早期的毛细孔约在 10 μm,而后期则多数降至 0.05 μm 左右。

以孔尺寸的大小来分类是人为的,因为孔的尺寸是连续的,所以更确切地划分应该是将能产生毛细作用的孔称为毛细孔。另外在水泥浆拌和过程中还会引入一些气孔，一般在 50~200 μm，有时可大至 3 mm，它们对水泥石的性能起不良作用。

2）孔隙率

Powers 计算了水泥石中孔隙率，按毛细孔和凝胶孔计：

毛细孔占全孔的部分为$[(W/B-\alpha(W/B^*))]/[(D_W \times V_C)+W/B]$，凝胶孔占全孔的部分为$mgV_g \times \alpha/[V_C+(W/B)D_W]$。

其中：W/B^*——水泥完全水化的临界水胶比；

D_W——新拌浆体孔液密度，1 000 kg/m^3；

V_C——未水化水泥比容积，3.17×10^{-4} m^3/kg；

V_g——凝胶水的平均比容积，1 000 m^3/kg；

α——水化的水泥部分；

mg——完全水化水泥浆体中单位质量水泥中凝胶水的质量，约为 0.21。

Powers-Brunauer 的模型，每单位质量水泥中毛细孔体积是体系总体积减去未水化水泥和水化产物的体积，以$[W/B-\alpha(W/B^*)]D_W$表示；每单位质量水泥中的凝胶孔体积是$mg \cdot V_g \cdot \alpha$，相当于完全水化水泥浆体中单位质量水泥的质量、凝结水比容及水泥水化程度的乘积。根据上式算的孔隙率见表 3-3。

表 3-3　水泥石中的孔隙率

W/B	α	毛细孔（%）	凝胶孔（%）	总水孔隙率（%）
0.3	0.00	0.49	0.00	0.49
	0.79	0.00	0.27	0.27
0.6	0.00	0.65	0.00	0.65
	1.00	0.24	0.23	0.47

上面数字说明了 W/B 比对孔隙率的影响，这里用总水孔隙率是只表示毛细孔和凝胶孔，以避免与包含其他孔的“孔隙率”混淆。同时，最好用水泥石单位体积中所含孔体积（$V_{孔}$ cm^3/cm^3）来表示孔隙率（%）。

3)孔径分布

水泥石中孔的大小不一,它们对水泥石的强度和其他性能所起的作用也有不同,因此除了了解水泥石的总孔隙率外,还应知道它的孔径分布大小。

测定孔径分布的方法,常用的是压汞入法和 SAXS 法—小角 X 射线散射法。严格地说,两种测试方法对水泥石孔径分布测定结果误差都较大。

(二)骨料相的结构

骨料相对混凝土性能所起的作用,不是化学性的,而是物理性的,诸如:容重、弹性模量、体积稳定性等。其影响因素是骨料的容重、强度、粗骨料的形状与粒径等。混凝土所用的粗骨料尺寸越大,长条或扁平颗粒含量越多,都会使混凝土强度降低。这是由于上述骨料表面集聚水膜的倾向也越大,从而使水泥石与骨料间的过渡区减弱。

(三)水泥石与骨料间的过渡区结构

在硬化混凝土的结构中,过渡区结构具有十分重要的意义,对硬化混凝土的许多性能起着十分重要的作用。水泥石与骨料间的界面过渡区,虽然其组成与水泥石相同,但其结构和性质却不相同。

(1)过渡区的结构

水泥石与骨料间界面过渡区结构的形成,首先是在新捣实的混凝土中,沿粗骨料周围包裹了一层水膜,使贴近粗骨料表面的水胶比大于混凝土的本体。其次与水泥石本体一样,硫酸钙和铝酸钙化合物溶解而产生钙、硫酸根、氢氧根和铝酸盐离子,它们相互结合,形成钙矾石和氢氧化钙。由于在贴近粗骨料表面的水胶比高,此处所形成的结晶产物的晶体也大。同时,在此界面处所形成的孔隙比水泥石本体多,板状氢氧化钙晶体往往导致取向层的形成。最后,随着水化的继续进行,结晶差的 C-S-H 以及氢氧化钙和钙矾石二次生成的较小的晶体填充于由大钙矾石和氢氧化钙晶体所构成的骨架间孔隙内。

混凝土中水泥石本体和过渡区的示意图,如图 3-6 所示。

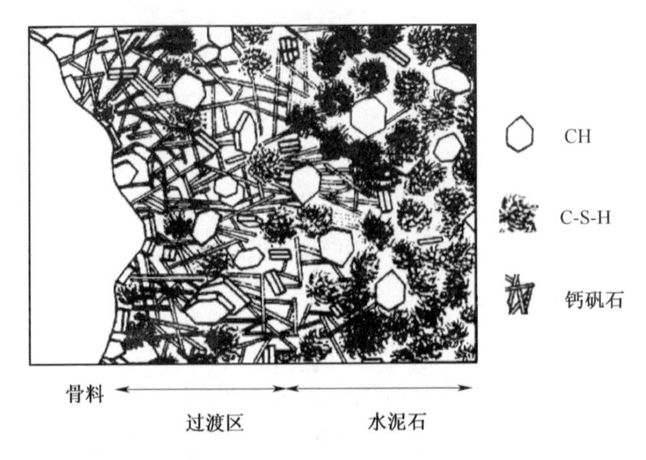

图 3-6 混凝土中水泥浆本体和过渡区的示意图

(2)过渡区对混凝土性能的影响

如前所述,过渡区的黏结强度较低,成为混凝土中的一个薄弱环节,可视之为混凝土的强度极限相。

在硬化混凝土的结构中,由于过渡区结构的强度低于水泥石和骨料相,因此,使混凝土在承受比水泥石和骨料强度低得多的荷载作用下而破坏。

由于过渡区存在着微裂纹,在荷载作用下,微裂纹扩展而引起混凝土破坏。因此,混凝土在受荷载后至破坏的过程中呈现了非弹性行为。在拉伸荷载作用下,微裂纹的扩展比压荷载作用更为迅速。因此,混凝土的抗拉强度十分显著地低于抗压强度,且呈脆性破坏。

过渡区结构中存在的孔隙率和微裂纹,对混凝土的刚性与弹性也有很大的影响。过渡区在混凝土中起着水泥砂浆基体与粗骨料颗粒间的搭接作用。由于该搭接作用的薄弱,不能较好地传递应力,故混凝土的刚性较小,特别是在暴露于火或高温环境中,由于微裂缝的扩展更激烈,使混凝土的弹性模量比抗压强度降低得更快、更多。

过渡区结构的特性也影响到混凝土的耐久性。由于存在于其中的微裂纹的贯通性,因此,混凝土的抗渗性比硬化水泥浆体和水泥砂浆均差,甚至对钢筋的锈蚀也有不良的影响。

综上所述,过渡区对混凝土性能的影响甚大。因此,许多研究人员正致力于改善水泥石与骨料间界面性能的研究,以期提高混凝土的性能。日本提出的骨料裹浆工艺是将混凝土用水量分两次投入搅拌,第一次投入的用水量与水泥形成的低水胶比水泥浆体,可以包裹骨料的表面,改善了界面的特性与结构。因此,使混凝土性能有所提高。

二、混凝土力学性能

混凝土的力学性能是指在外力作用下发生变形和抵抗破坏的能力,包括受力变形、强度与韧性。

混凝土在土木工程中是一种主要的结构材料,用于钢筋混凝土结构或预应力混凝土结构中。在工程结构的服役状态下,混凝土材料可能会受到各种不同类型的荷载作用如压、拉、弯、剪、疲劳或冲击等。在荷载作用下,混凝土会发生不同的变形,表现出不同的强度特征,如抗压、抗拉、抗弯、抗剪、抗疲劳等。由于混凝土属脆性材料,主要优点是承受压力,主要的受力方式是受压,所以混凝土受压破坏过程与抗压强度应该是配合比设计需掌握的基本知识。

(一)混凝土受压破坏过程与抗压强度

(1)混凝土受压破坏过程

为简化起见,假定混凝土处于单轴受压状态,混凝土在此状态下典型的荷载–变形曲线如图 3-7 所示。该曲线可用来表征混凝土受压破坏过程。混凝土的受压荷载—变形曲线,可大致划分为四段,在这四段中混凝土的荷载与变形关系各具特点。第Ⅰ段,荷载从 0 增大到极限荷载的 30%左右,荷载与变形关系基本接近于线性;第Ⅱ段,荷载从极限荷载的约 30%增大到 70%~90%,荷载与变形关系开始偏离线性,曲线开始出现上凸;第Ⅲ段,荷载从极限荷载的约 70%~90%增大到 100%,荷载与变形关系显著偏离线性;第Ⅳ段亦即曲线的下降段,在此阶段,进一步的加载只能引起变形的进一步增大,但荷载却逐渐减小,上凸曲线逐渐下降,最终荷载与变形关系到达终点,混凝土发生断裂破坏。

需要说明的是,从强度与承载能力的角度考虑,在以上第Ⅲ段的末端即当荷载达到极限荷载时,混凝土即已进入了破坏阶段。

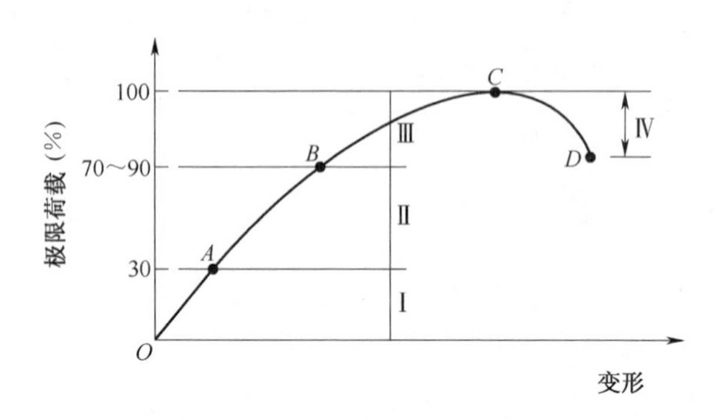

图 3-7 混凝土在单轴受压状态下典型的荷载—变形曲线示意图

(2)混凝土受压破坏的本质

混凝土受压破坏的本质,是混凝土在受纵向压力荷载作用下引发了横向拉伸变形。当横向拉伸变形达到混凝土的极限拉应变时,混凝土发生破坏。这是一种在纵向压力荷载作用下的横向拉伸破坏。

在前述曲线的第Ⅰ段,与纵向受压变形导出的横向拉应变与压应变关系基本服从泊松比效应,即:

$$\mu = \varepsilon_{\text{com}} / \varepsilon_{\text{ten}} \tag{3-1}$$

式中 μ——泊松比;

ε_{com}——压应变;

ε_{ten}——拉应变。

普通混凝土的泊松比为 0.15~0.22。随着混凝土强度的提高,泊松比逐渐增大,高强混凝土的泊松比比普通强度混凝土高。

在前述曲线的第Ⅱ、第Ⅲ与第Ⅳ段,拉应变与压应变关系不再服从泊松比效应,但横向变形仍在持续增大。伴随着横向变形的增大,混凝土内部出现了微裂纹扩展现象。在不断加载的过程中,混凝土微裂纹的逐渐扩展、连通乃至贯穿,导致混凝土的最终破坏。

(3)混凝土受压破坏过程中的裂纹扩展

在混凝土受压破坏过程中,混凝土内部裂纹发生了逐渐的扩展。

在前述曲线的第Ⅰ段,混凝土尚无裂纹扩展。当加载进入曲线的第Ⅱ段后,因粗骨料与水泥石黏结的过渡区在混凝土中往往是一个薄弱环节,易出现局部孔隙率较高、存在因泌水而导致的先天裂纹等缺陷问题,加载导致在过渡区首先引发裂纹扩展,称为界面裂纹扩展。当加载进入第Ⅲ段后,在界面裂纹扩展的同时,还发生砂浆裂纹的扩展。随着进一步加载,结束第Ⅲ段并进入第Ⅳ段后,界面裂纹与砂浆裂纹不断扩展,并逐渐互相连通、贯穿,表明混凝土已被破坏。

然而需要指出的是,在受压破坏时,高强混凝土中的裂纹扩展过程与上述普通强度混凝土有显著不同点。高强混凝土中首先出现的是砂浆裂纹扩展,而不是界面裂纹扩展。其原因是高强混凝土的过渡区得到了强化,较普通强度混凝土有了显著改善,不再是薄弱环节了。当荷载继续增大到砂浆裂纹进一步扩展,并达到粗骨料表面即界面区时,接下来发生的裂纹扩展是穿越粗骨料的裂纹扩展,而并非界面裂纹扩展。高强混凝土的最终破坏,主要是由砂浆裂纹与穿越粗骨料的裂纹扩展、连通而导致的。

(4)混凝土的强度与微裂纹关系

断裂力学从研究混凝土强度角度出发,将混凝土内部的各种毛细孔和气泡统一看成微裂纹。格里菲斯研究了一块单位厚度的无限平板受拉破坏的行为。假设平板具有一条长度为 $2r$ 的穿透厚度的裂纹,在无穷远处给它施加应力,使它承受均匀的拉伸应力,如图 3-8 所示。

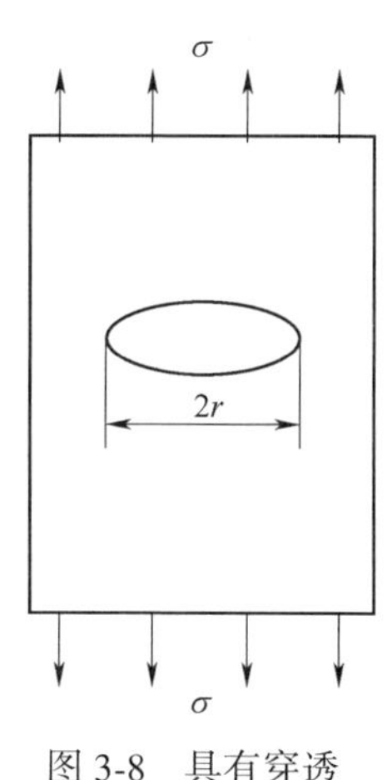

图 3-8　具有穿透裂纹的平板受拉图

格里菲斯认为平板受到拉伸时,将在其裂纹尖端处造成应力集中。当集中应力大于裂纹抗拉强度时会引发裂纹扩展,直至破坏。他给出了破坏应力与内部微裂纹大小的定量关系,见公式(3-2)。

$$\sigma\sqrt{r} = \sqrt{\frac{2E\gamma_e}{\pi}} \tag{3-2}$$

式中 σ——应力，MPa；

r——裂纹半径，mm；

E 和 γ_e——材料性能，为常数。

从公式(3-2)可以看出，混凝土的强度与内部毛细孔和气泡大小的平方根成反比。即混凝土内部的毛细孔和气泡大小越大，混凝土强度越低；反之混凝土内部的毛细孔和气泡大小越小，混凝土强度越高。

(二)关于混凝土强度的规定

(1)立方体抗压强度

混凝土在单向压力作用下的强度为单轴抗压强度，即通常所指的混凝土抗压强度，这是工程中最常提到的混凝土力学性能。在我国，一般采用立方体试件测定混凝土抗压强度。在有关国家标准或规范中，规定了若干与混凝土抗压强度有关的基本概念，如混凝土立方体抗压强度、立方体抗压强度标准值、强度等级。

1)混凝土立方体抗压强度 f_{cu}

国标规定，采用边长为 150 mm 的立方体试件，在标准养护条件(温度为 20 ℃±2 ℃、相对湿度在 90%以上)下养护到 28 d 龄期，所测得的抗压强度称为混凝土立方体抗压强度，用符号"f_{cu}"表示。

有时混凝土抗压强度试验所用的立方体试件边长因具体情况而不一定是 150 mm，则应乘以换算系数，方可将所测结果换算为对应于 150 mm 边长的混凝土立方体抗压强度。例如立方体边长为 100 mm，则换算系数为 0.95；立方体边长为 200 mm，则换算系数为 1.05。在美、日等国，采用 ϕ150 mm×高 300 mm 的圆柱体试件，所测得的抗压强度值大致相当于 $0.8f_{cu}$。

2)混凝土立方体抗压强度标准值

通常对于某一指定混凝土，不同时间、不同批次测得的混凝土立方体抗压强度值呈现出一定的波动现象，且通常符合正态分布的统计规律。混凝土立方体抗压强度标准值(或立方体抗压标准强度),是指对于某一指定的混凝土,在其混凝土立方体抗压强度值的总体分布中的某一特定抗压强度值,即总体分布中强度不低于该特定抗压强度值的保证率为95%。换句话说,总体分布中强度低于该特定抗压强度值的百分率为5%。

3)混凝土强度等级

混凝土强度等级是在规范中规定的,按混凝土立方体抗压强度标准值划分的一系列等级,从10 MPa开始,每5 MPa增大一级,直至100 MPa。混凝土强度等级以强度值前加上符号“C”表示,即C10、C15、C20、C25、C30、C35、C40、C45、C50、C55、C60、C65、C70、C75、C80、C85、C90、C95和C100。对于某一种混凝土,根据其混凝土立方体抗压强度标准值,可判断其归属的强度等级。例如,若该种混凝土的立方体抗压强度标准值是38.6 MPa,则该混凝土的强度等级应是C35。目前在我国,C55及以下的混凝土属普通混凝土,C60及以上属高强混凝土;工程中用量最大的混凝土强度等级在C15~C50范围内。

(2)劈裂抗拉强度

混凝土作为一种脆性材料,其抗拉强度很低,一般仅为其抗压强度的0.07~0.11。测定混凝土轴心抗拉强度的试验具有一定的难度,因为应使荷载作用线与受拉试件轴线尽可能重合,同时应确保试件在受拉区破坏。这两大难题在常规试验中至今仍未得到很好的解决,致使测得值波动较大。因此国内外均采用劈裂抗拉强度试验来测定抗拉强度。该方法的原理是在试件的两相对表面的素线上,施加均匀分布的压力,在压力作用的竖向平面内产生均布拉应力(图3-9)。该拉应力随施加荷载而逐渐增大,当其达到混凝土的抗拉强度时,试

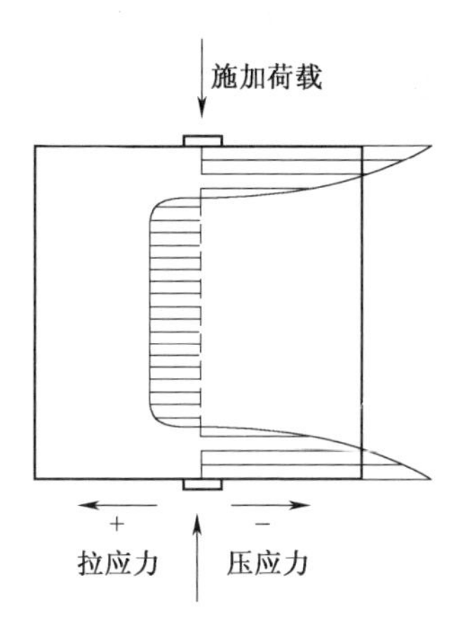

图3-9 劈裂抗拉强度试验中试件内应力分布示意图

件将发生拉伸破坏。该破坏属脆性破坏，破坏效果如同被劈裂开，试件沿两素线所成的竖向平面断裂成两半，故该强度称劈裂抗拉强度，简称劈拉强度。该试验方法大大简化了抗拉试件的制作，且能较真实地反映试件的抗拉强度。

我国在混凝土劈裂抗拉强度试验方法中规定：标准试件为 150 mm ×150 mm ×150 mm 的立方体试件，采用 ϕ75 mm 的弧形垫块并加三层胶合板垫条，按规定速度加载。在劈裂抗拉强度试验中，破坏时的拉伸应力可根据弹性力学理论计算得出，故混凝土的劈裂抗拉强度 f_{ts} 按式(3-3)计算：

$$f_{ts} = 2P/(\pi a^2) = 0.637P/a^2 \tag{3-3}$$

式中 P——破坏荷载，N；

a——立方体试件边长，mm。

因抗拉强度远低于抗压强度，在普通混凝土设计中抗拉强度通常不予考虑。但在抗裂性要求较高的结构（如路面、油库、水塔及预应力钢筋混凝土构件等）的设计中，抗拉强度却是确定混凝土抗裂性的主要指标。随着对钢筋混凝土及预应力钢筋混凝土裂缝控制与提高耐久性研究的深入开展，对提高混凝土抗拉强度的要求正日益迫切，相关研究与认识也将逐渐深入。

(3)轴心抗压强度

在混凝土结构设计中，常以轴心抗压强度 f_{cp} 为设计依据。我国轴心抗压强度的标准试验方法规定：标准试件为 150 mm ×150 mm ×300 mm 的棱柱体试件，应在标准养护条件下养护至 28 d 龄期，所测得的抗压强度即为轴心抗压强度。通常，同一种混凝土的轴心抗压强度 f_{cp} 低于立方体抗压强度 f_{cu}，二者的关系为：$f_{cp} = (0.7 \sim 0.8)f_{cu}$。

(4)抗折强度

交通道路路面或机场跑道用混凝土以抗折强度为主要强度指标，抗压强度为参考强度指标。抗折强度试件以标准方法制备，为 150 mm ×150 mm ×600 mm（或 550 mm）的棱柱体试件。在标准养护条件下养护至 28 d 龄期，采用三点弯曲加载方式，测定其抗折强度。

(三)影响混凝土强度的因素

因普通混凝土常用骨料的强度一般都高于水泥石,普通混凝土的强度主要决定于水泥石(硬化水泥浆)的强度,以及水泥石与骨料之间的黏结强度。

(1)水泥石的强度

混凝土强度的主要来源于水泥石的强度。水泥石强度主要取决于水泥石的孔结构。孔结构又决定于水胶比与水化程度。水泥水化的结合水一般只占水泥质量的23%左右,但混凝土拌和时,为满足施工性能的要求,用水量高达胶凝材料质量的40%~70%。待混凝土硬化后,多余的水分蒸发或残留在混凝土中,形成毛细孔、气孔或水泡,使水泥石的有效断面减小,并且在这些孔隙周围易产生应力集中,使混凝土强度降低。

已有许多经验公式表述了抗压强度与孔结构的关系,可举例说明如下:

$$\text{Powers}: \sigma = \sigma_0 \left[0.68\alpha/(0.32\alpha + W/B)\right]^3 \tag{3-4}$$

式中　σ——应力, MPa;

σ_0——水泥石的本征强度, MPa;

a——水泥水化程度;

W/B——水胶比。

Powers 公式对低水胶比材料不适用。另外还有 Rossler 和 Odler 公式:

$$\sigma = \sigma_0(1 - EP) \tag{3-5}$$

式中　E——常数;

P——孔隙率,一般以总水孔隙率表示。

上面只归纳了孔隙率对强度的影响。近些年的研究进一步阐明,水泥石的强度与孔径分布的关系也很密切。并认为,大孔径的孔对水泥石的强度影响大,而小孔或微孔只对渗透性起作用,对强度并无不利影响,甚至微孔的多少是标志凝胶相的量,因此微孔增多反面有利于强度的发展。从对水泥石强度的作用,可按孔径大小,把孔划分为有害孔和无害孔。然而,如何划分有害孔和无害孔的临界孔径是一个难题。例如 Kondo 认为 5 nm 以下凝胶孔的增加对强度有利;Mikhail 则认为 3.6~5.0 nm 的孔对浆体强度发展仍是不利的,即使在孔隙率降低时亦然;Rorstasy 在测定水泥石孔结构后认为,只有大于 100 nm 的孔才对强度影响大;Smalezyk 又把这个临界孔值降为 30 nm。这些不同的看法说明了,对不同类型和结构的水泥石,不能有统一的有害孔和无害孔的临界孔径值。深入了解孔结构对水泥石强度的影响,可以有目的地改变孔结构,从而指导制备高强度的混凝土材料。

因此,影响水泥石强度的因素,大致有:①水泥强度等级与矿物掺和料;②*W/B* 比及外加剂;③养护条件(特别是温度和湿度);④养护龄期;⑤搅拌与振捣效果。

①水泥强度等级与矿物掺和料

水泥强度等级越高,配制成的混凝土强度也越高。水泥生产时,同一厂家不同强度等级水泥中的熟料矿物组成都一样。当生产强度等级高一级的水泥时,其熟料的用量会多一些,混合材相应减少。这样就决定了使用强度等级高一级的水泥配制混凝土时,水化生成的水化产物比强度等级低一级的水泥要多一些。结果使得水泥强度等级高一级的水泥石中毛细孔的总孔隙率和孔径大小都相应变少和变小。由水泥石的强度与孔隙率和孔径大小的关系知道,水泥石的强度会相应提高。

矿物掺和料品种对水泥石的强度有显著影响。粉煤灰、磨细矿粉等矿物掺和料的组成是由活性组分(活性 SiO_2、活性 Al_2O_3)和惰性组分构成。胶凝材料水化时,水泥与水先进行水化反应。当水泥水化生成足够多的 $Ca(OH)_2$时,粉煤灰或磨细矿粉中的活性 SiO_2和活性 Al_2O_3与其进行二次水化反应,生成的水化 C-S-H 凝胶和钙矾石晶体填充密实水泥石中的毛细孔。同时粉煤灰或磨细矿粉未水化的惰性组分可起微集料的作用,能轻微使毛细孔细化。粉煤灰、磨细矿粉的等级越高,表明它们的活性 SiO_2 和活性 Al_2O_3组分含量越多,水化生成的产物相应越多,会使得水泥石中的总孔隙率和孔径大小均相应变少和变小,水泥石的强度能相应提高。

矿物掺和料掺量对水泥石强度的影响表现为两方面。*W/B* 比一定时,矿物掺和料有一个最佳掺量。当矿物掺和料掺量低于这个最佳掺量时,能使水泥石强度提高,反之会降低水泥石的强度。一般,矿物掺和料是作为等量取代水泥来使用的。水泥熟料各组成矿物遇水可以全部水化,而粉煤灰、磨细矿粉组成中只有少部分的活性 SiO_2 和活性 Al_2O_3,大部分都是惰性的 SiO_2 和 Al_2O_3 成分。粉煤灰、磨细矿粉组成中这一少部分的活性 SiO_2 和活性 Al_2O_3 发生二次水化能生成水化 C-S-H 凝胶和钙矾石晶体,相当于水泥水化的作用,起到细化水泥石中毛细孔的作用。但其大部分惰性的 SiO_2 和 Al_2O_3 组成只能起到轻微的微集料填充密实作用,它们是不参与水化反应的。这样用矿物掺和料等量取代水泥使用时,就相当于用一大部分惰性的 SiO_2 和 Al_2O_3 组成取代了水泥中的熟料组成,导致水泥石中的水化产物相应减少。当矿物掺和料掺量适宜时,可通过矿物掺和料中活性组分的水化产物和惰性组分的微集料填充共同细化水泥石中的毛细孔,相当于一定数量的水泥熟料所起的作用。但当矿物掺和料掺量超过最佳掺量使用时,矿物掺和料中活性组分的水化产物和惰性组分的微集料填充要比其取代量水泥的水化作用弱,导致水泥石中毛细孔变多变大,造成水泥石和混凝土强度降低。

②*W/B* 比及引气剂

W/B 比越低,水泥石强度越高;反之 *W/B* 比越高,水泥石强度越低。因为单位用水量一定的情况下,*W/B* 比越低表明其胶凝材料用量越多,生成的水化产物相应也越多,使得水泥石中的毛细孔数量和大小会相应变少和变小,水泥石强度得到提高。

引气剂对水泥石的强度有显著影响。大多数情况在一定水化程度时,水胶比决定了水泥石的孔隙率。但不适当捣实的结果或通过使用引气剂使气体混入水泥浆体中,这样同样具有增加水泥石的孔隙率和降低水泥石强度的作用。引气剂对水泥石强度的影响与混凝土的强度等级有关。高强混凝土随含气量增大强度会受到明显损失,而低强度等级混凝土强度仅有轻微降低。一般情况下,混凝土的含气量每增大 1%,强度降低 3.0~5.0 MPa。

③养护条件(特别是温度和湿度)

所谓养护,就是采取一定措施使混凝土在处于一种保持足够湿度和适当温度的环境中进行凝结硬化。在混凝土浇筑完成后,应进行充分养护。养护不足或不当,将使水泥石和混凝土强度及耐久性均有所下降。

在冬季施工条件下,混凝土需先进行保温养护,使混凝土在正温条件下凝结硬化,确保强度将达到一定的初始强度(或称临界强度),然后方可进行负温养护,否则混凝土强度在达到初始强度之前即受负温作用,会导致混凝土中自由水结冰膨胀,使混凝土发生早期冻伤,造成水泥石和混凝土的强度与耐久性下降。

在干燥环境中,混凝土中的水泥石易出现水化凝结硬化不足的问题,且易发生干燥收缩,甚至发生干缩开裂。为确保混凝土中的水泥石正常凝结硬化和强度的不断增长,混凝土浇筑完成后,应注意加强保湿养护。《混凝土结构工程施工质量验收规范》GB 50204 规定,在混凝土浇筑后 12 h 以内,应加以覆盖与浇水。如采用硅酸盐水泥、普通硅酸盐水泥或矿渣水泥,浇水养护期不得少于 7 d;如采用火山灰水泥或粉煤灰水泥,或者在施工过程中使用了缓凝型外加剂及有抗渗要求的混凝土,浇水养护期不得少于 14 d。

④养护龄期

通常,水泥石和混凝土强度随龄期逐渐增长,但强度增长主要发生在 3~28 d 龄期内,此后强度增长逐渐缓慢甚至停止。当某一龄期 n 大于或等于 3 d 时,在该龄期的混凝土强度 f_n 与 28 d 强度 f_{28} 的关系如下:

$$f_n = f_{28} \lg n / \lg 28 \tag{3-6}$$

上式适用于标准条件养护,龄期大于或等于 3 d,用普通硅酸盐水泥配制的中等强度混凝土。

⑤ 搅拌与振捣效果

搅拌不均匀的混凝土,不但硬化后的强度低,且强度波动的幅度也大。当水胶比较小时,振捣效果的影响尤为显著;但当水胶比逐渐增大,拌和物流动性逐渐增大时,振捣效果的影响就不明显了。通常,机械振捣效果优于人工振捣。

(2)水泥石与骨料的黏结强度

过渡区的强度主要取决于3个因素:①孔隙率和孔径大小;②氢氧化钙晶体的大小与取向层;③存在的微裂纹。

在水泥水化的早期,过渡区内的孔隙率与孔径均比砂浆基体大。因此,过渡区的强度较低。

大的氢氧化钙晶体黏结力较小,不仅因为其比表面积的原因,而且相应的范德华引力也弱。此外,其取向层结构为劈裂拉伸破坏提供了有利的条件。

混凝土过渡区中微裂纹的存在,是强度低的主要原因。过渡区中的微裂纹以界面缝出现,主要是由于粗骨料颗粒周围表面所包裹的水膜所形成。骨料的粒径与级配,骨料中石粉、泥和泥块等有害物含量,水泥强度等级,水胶比,养护条件,混凝土内外的温、湿度等因素都会影响微裂纹的产生及数量。由于微裂纹的存在,在受荷过程中会因应力集中而扩展,使混凝土提前破损。

(3)骨料的强度

普通强度混凝土中,骨料通常对混凝土的强度没有不利影响,因为骨料强度比水泥石和过渡区强度高几倍。用大多数天然骨料配制混凝土时,骨料强度几乎不被利用,因为混凝土的破坏决定于其他两相的强度。

除骨料强度外,骨料还有其他特征,诸如粒形、粒径、表面粗糙程度、级配、石粉含量、泥和泥块含量等因素对混凝土强度有显著影响。这些因素是通过影响混凝土中过渡区微裂纹的形成及数量,来对水泥石与骨料的黏结强度和混凝土强度进行影响。

(四)影响混凝土强度试验测试结果的因素

同一批混凝土,在理论上其强度应该是某一个确定值。然而,如果强度试验条件不同,则混凝土强度的测得值是不同的。在混凝土强度试验中,通常有尺寸效应、环箍效应和加载速度三因素对强度测得值构成一定的影响。

(1)尺寸效应

通常试件尺寸越小,其内部先天缺陷的尺寸相应减小,故测得的混凝土强度值较高。因此，如前所述，100 mm 立方体试件的抗压强度值必须乘以 0.95 的换算系数，方可得到 150 mm 立方体试件的抗压强度值。

(2)环箍效应

当混凝土试件端面与试验机承压面之间存在摩擦力作用时，该摩擦力从接触界面逐渐向试件内部传递，使纵向受压的混凝土所发生的横向拉伸受到约束，如同受到一种环箍作用，如图 3-10 所示，故称环箍效应。如在混凝土试件端面与试验机承压面涂抹润滑油，消除界面摩擦力，便可去除环箍效应的影响。环箍效应的作用，使混凝土强度测得值高于无环箍效应作用试件的强度值。

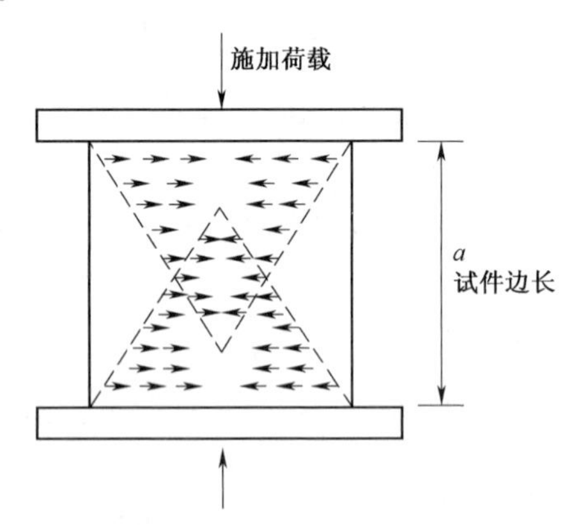

(a) 因环箍效应引发的试件内应力分布

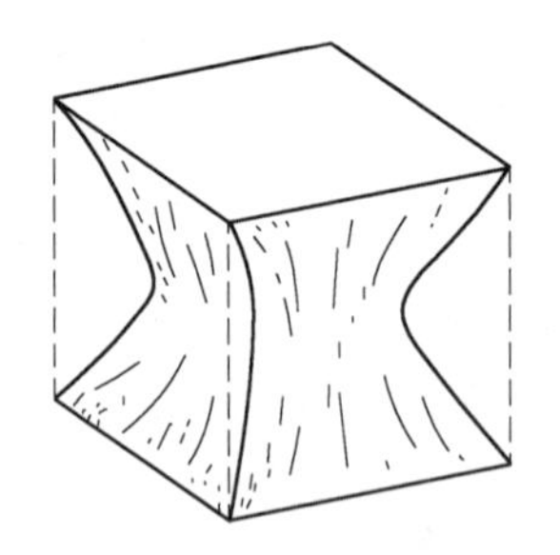

(b) 立方体试件破坏后形状

图 3-10 环箍效应作用示意图

(3)加荷速度

在一定范围内加荷速度增大，将导致混凝土强度测得值增高。这是由于如果加载速度较大时，混凝土裂纹扩展的速度并未相应成比例的增大，致使混凝土受力引发的裂纹扩展来不及充分进行，最终导致混凝土在相对较小的裂纹尺寸条件下发生破坏，使得破坏荷载偏大，从而引起强度测得值偏高。

为此，我国国标规定，混凝土抗压强度的加载速度应介于 0.3～1.0 MPa/s。其中，对 C30 以下的混凝土，可取 0.3～0.5 MPa/s；对大于等于 C30 但小于 C60 的混凝土，可取 0.5～0.8 MPa/s；对大于等于 C60 的混凝土，可取 0.8～1.0 MPa/s。

（五）混凝土的韧性

韧性作为混凝土的力学性能之一，在近年来的研究与工程应用中开始逐渐得到重视。通常，混凝土以断裂能、断裂韧性或断裂指数作为表征韧性的参数。作为脆性材料，普通混凝土的韧性参数比较低，如断裂能通常为 100～250 J/m^2。换言之，普通混凝土具有高脆性、低韧性的典型特点。当外加荷载或环境因素作用产生内应力、进而引发裂纹扩展时，正是由于混凝土的高脆性、低韧性特征，使混凝土易于发生裂纹失稳扩展，导致混凝土发生脆性损伤破坏。纤维增韧可以改善混凝土的力学性能与裂纹扩展行为，这是目前国际上一个活跃的研究领域，其研究方兴未艾。裂纹扩展行为的改善，将是提高混凝土耐久性的重要途径之一。

三、混凝土的变形

（一）变形概念

混凝土在凝结硬化过程中将产生一定量的体积变形。这意味着，硬化混凝土除了受荷载作用产生变形外，在没有荷载作用的情况下，各种物理的或者化学的因素也会导致混凝土的总体积或者局部体积发生变化，即出现变形。

如果混凝土处于自由的非约束状态，那么体积变化一般不会产生不利影响。但是，实际使用中的混凝土结构总会受到基础、钢筋或相邻部件的牵制，而处于不同程度的约束状态。即使单一的混凝土试块没有受到外部的制约,其内部各组成相之间也还是互相制约的,仍处于约束状态。因此,混凝土的体积变化会由于约束的作用而在混凝土内部产生应力(通常为拉应力)。混凝土能承受较高的压应力,而其抗拉强度却很低,一般不超过抗压强度的10%。在完全约束条件下,混凝土内部产生的拉应力理论上可以达到3 MPa至十几 MPa(取决于混凝土的体积变化特性和弹性特性)。所以,对于受约束的混凝土,体积变化过大产生的拉应力一旦超过其自身的抗拉强度时,就会引起混凝土开裂,产生裂缝。裂缝不仅是影响混凝土承受设计荷载能力的一个弱点,而且还会严重损害混凝土的耐久性和外观质量。

(二)变形分类

按不同的分类标准,可以将变形分为不同的类型:

(1)按混凝土成型后的龄期分为:早期变形、硬化过程中的变形、硬化后的变形。

(2)按混凝土质点的间距变化分为:相向变形指使混凝土质点间距缩小的变形、背向变形指使混凝土质点间距变大的变形。吴中伟院士提出了这种分类方法,并认为自由收缩使混凝土组织密实,混凝土与钢筋的黏结力提高,是相向变形;自由膨胀则使混凝土组织变松,膨胀超过一定限度就会开裂,是背向变形。

(3)按是否受荷载作用分为:非荷载作用变形、荷载作用变形。

常见非荷载作用变形有化学减缩、干缩、自收缩、温度变形、碳化收缩等几种常见情况。此外,就是受荷载作用下的变形。以下就这几种非荷载变形作简要的说明:

①化学减缩——化学收缩

化学减缩指在没有干燥和其他外界因素的影响下,由于水泥发生水化作用和凝结硬化,导致水泥水化物的固体体积小于水化前反应物的总体积,从而产生的自身体积减缩。

化学收缩是不可恢复的,收缩量随混凝土龄期的延长而增加,大致与时间的对数成正比,亦即早期收缩大,后期收缩小。化学收缩的收缩率一般很小，为$(4\sim100)\times10^{-6}$ m/m。因此，在结构设计中考虑限制应力作用时，不把它从较大的干燥收缩率中区分出来处理，而是在干燥收缩中一并计算。若混凝土一直在水中硬化时，体积不变，甚至略有膨胀，这是由于凝胶体吸水产生的溶胀作用，与化学收缩并不矛盾。

②干缩

处于空气中的混凝土当内部水分散失时，会引起体积收缩，称为干燥收缩，简称干缩。但受潮或者浸入水中后体积又会膨胀，即为湿胀。

混凝土在第一次干燥后，若再放入较高湿度的环境中或水中，将发生膨胀。可是，并非全部初始干燥产生的收缩都能为膨胀所恢复，即使长期置于水中，也不可能全部恢复。

干缩是混凝土重要的非荷载变形之一，过大的干缩甚至会产生干缩裂缝，因此在设计时必须加以考虑，在实际工程中也必须引起施工人员的充分重视。在混凝土结构设计中，干缩率取值一般为$(1.5\sim2.0)\times10^{-4}$ m/m。

③ 自收缩

自收缩是混凝土在初凝之后随着水化的进行，在恒温恒重条件下体积的减缩。自收缩不包括由于干燥、沉降、温度变化、遭受外力等原因引起的体积变化。自收缩产生的原因是随着水泥水化的进行，在硬化水泥石中形成大量微细孔，孔中自由水量逐渐降低，结果产生毛细孔应力，造成硬化水泥石受负压作用而产生收缩。自收缩的产生机理类似于干缩机理，但二者在相对湿度降低的机理上是不同的。造成干缩的原因是由于水分扩散到外部环境中，而自收缩是由于内部水分被水化反应所消耗而造成的，因此通过阻止水分扩散到外部环境中的方法来降低自收缩并不有效。

随着现代建筑技术的发展，高强混凝土、大体积混凝土及自密实混凝土等应用日益广泛，混凝土的自收缩现象越来越引起人们的关注。实践中发现上述类型混凝土的自收缩较大。例如，水胶比低于0.3的混凝土自收缩率可以达到$(2\sim4)\times10^{-4}$ m/m；当水胶比降低至0.23~0.17时，自收缩占总收缩的80%~100%，即在水胶比极低的混凝土中收缩主要形式表现为自收缩。

④ 温度变形

混凝土与通常固体材料一样呈现热胀冷缩现象。混凝土通常的热膨胀系数约为$(6\sim12)\times10^{-6}$/℃。假设取10×10^{-6}/℃,则温度下降15 ℃造成的冷收缩率达150×10^{-6} m/m。如果混凝土的弹性模量为21 GPa,不考虑徐变等产生的应力松弛,该冷缩受到完全约束所产生的弹性拉应力为3.2 MPa,已经接近或超过普通混凝土的极限抗拉强度,容易引起冷缩开裂。因此,在结构设计中必须考虑到冷缩造成的不利影响。

温度变形还包括混凝土内部与外部温差的影响,即大体积混凝土存在的温度变形问题。由于大体积混凝土水化过程产生的热量不易散失,因此硬化过程中混凝土内部与外部环境之间存在温差,在混凝土内部冷却过程中,容易产生拉应力。可以分层分段浇筑,并采取一定控制温度变形的施工措施来降低内外温差的影响。

环境温度的变化也容易对大体积混凝土、纵长结构混凝土工程产生极为不利的影响,极易产生温度裂缝。如纵长100 m的混凝土,温度升高或降低30 ℃(夏冬季温差),则将产生大约30 mm的膨胀或收缩,在完全约束条件下,混凝土内部将产生7.5 MPa左右的拉应力,足以导致混凝土开裂。故纵长结构或大面积混凝土均要设置伸缩缝、设置温度钢筋或掺入膨胀剂、减缩剂,防止混凝土开裂。

⑤碳化收缩

混凝土中水泥水化产物与大气中CO_2发生化学反应称为碳化,伴随碳化产生的体积收缩称为碳化收缩。碳化收缩首先是指$Ca(OH)_2$与CO_2发生碳化反应,生成$CaCO_3$,导致体积收缩。其次,$Ca(OH)_2$碳化使水泥浆体中的碱度下降,有可能使C-S-H的钙硅比降低和钙矾石分解,加重上述碳化反应所引起的收缩。

混凝土湿度较大时,毛细孔中充满水,CO_2不易进入,因此碳化很难进行。例如,水中混凝土不会碳化。易于发生碳化的相对湿度是45%~70%。碳化收缩对混凝土开裂影响不大,其主要危害是对钢筋抗锈蚀不利,而钢筋锈蚀会导致混凝土保护层脱落。

(三)影响混凝土收缩的主要因素

影响混凝土收缩的主要因素分内因和外因两个方面:内因指混凝土组成材料的品种、质量、级配、外加剂以及配合比等;除此之外,环境温度、湿度、风速等外因也对收缩有重大影响,其影响有时比内因更大。

(1)胶凝材料用量和水泥品种

砂石骨料不发生收缩,故混凝土的干缩主要来自浆体的收缩。水泥浆的收缩值可达 $2\ 000\times10^{-6}$ m/m 以上。在水胶比一定时,胶凝材料用量越大,混凝土干缩值也越大。在高强混凝土配合比设计时,尤其要控制胶凝材料的用量。对普通混凝土而言,相应的干缩比为混凝土∶砂浆∶水泥浆=1∶2∶4 左右。混凝土的极限收缩值约为 $(500\sim900)\times10^{-6}$ m/m。

水泥的品种不同,干缩值也有较大差异。一般情况下,矿渣水泥、火山灰水泥比普通硅酸盐水泥收缩大。故对干燥环境施工和使用的混凝土结构,要尽量避免使用矿渣水泥或火山灰水泥。

(2)骨料用量和质量

混凝土收缩的主要组分是水泥石。增加骨料用量可以适当减小收缩。在相同条件下,采用弹性模量相对较高的骨料,也可以减小收缩。

(3)水胶比

在胶凝材料用量一定时,水胶比越大,意味着多余水分越多,蒸发产生的收缩值也会相应越大。因此要严格控制水胶比。

(4)外加剂

混凝土外加剂种类繁多,功能各异。常见的有减水剂、缓凝剂、引气剂、早强剂、速凝剂等。外加剂已经成为现代混凝土材料中不可或缺的组成部分,在土木工程建设中发挥着改善新拌混凝土工作性能、调节新拌混凝土的凝结硬化性能、提高混凝土强度和耐久性或者其他特殊性能的作用。

(5)环境条件

气温、湿度、风速对收缩都会产生较大影响。气温越高、环境湿度越小或风速越大,混凝土的干燥速度就越快,在混凝土凝结硬化初期特别容易引起干缩开裂。故必须根据不同环境情况采取早期浇水、保湿或者蒸汽养护等具体措施。

(四)减少混凝土收缩引起的开裂的常用措施

混凝土的收缩容易引起开裂,进而导致混凝土耐久性和力学性能的下降。为减少收缩引发混凝土的开裂,常采用以下措施:

(1)合理选取水泥,采用低水化热水泥,并尽量减少水泥用量。

(2)适量减少用水量。

(3)选用热膨胀系数低、弹性模量高的骨料。

(4)正确选用外加剂。

(5)在搅拌前预冷原材料。

(6)合理分缝、分块、减轻约束。

(7)在混凝土中预埋冷却水管。

(8)表面绝热保温,调节表面温度的下降速率。

(9)采用保湿、蒸汽养护、蒸压养护等养护措施。

(五)荷载作用下的变形

对荷载作用下的变形,分为短期荷载作用下的变形和长期荷载作用下的变形。

(1)短期荷载作用下的变形

混凝土在外力作用下的变形包括弹性变形和塑性变形两部分。由于混凝土是一种弹塑性材料,在不超过极限荷载的30%条件下,短期荷载作用会引起混凝土的线性弹性变形。继续施加荷载,混凝土则发生塑性变形。

研究单向受压作用下混凝土的力学行为具有重要意义,为钢筋混凝土和预应力钢筋混凝土结构设计中规定相应的一系列混凝土力学性能指标(如混凝土设计强度、疲劳强度、长期荷载作用下的混凝土设计强度、预应力取值、弹性模量等)提供了依据。

弹性模量为应力与应变之比值。对纯弹性材料来说,弹性模量是一个定值。而对混凝土这种弹塑性材料来说,其应力—应变曲线非线性。

1)对硬化混凝土的静弹性模量,目前有三种取值方法(图 3-11)。

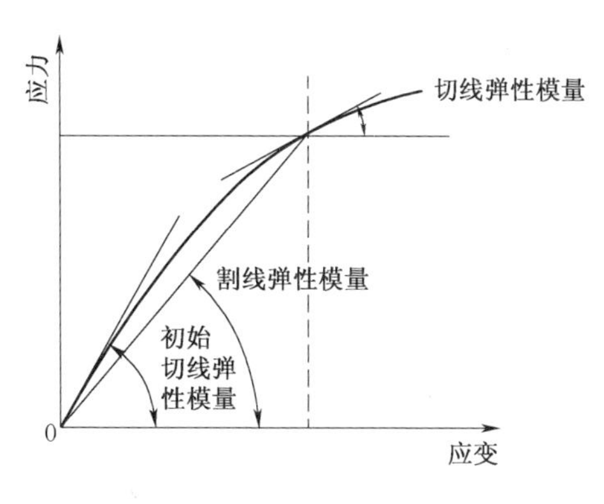

图 3-11 弹性模量分类

①初始切线模量

该值为混凝土应力—应变曲线的原点对曲线所作切线的斜率。由于混凝土受压的初始加荷阶段,原来存在于混凝土中的裂缝会在加荷载作用下引起闭合,从而导致应力—应变曲线开始时稍呈凹形,使初始切线模量不易求得。另外,该模量只适用于小应力和应变,在工程结构计算中无实用意义。

②切线模量

切线模量为应力—应变曲线上任一点对曲线所作切线的斜率。仅适用于考察某特定荷载处,较小的附加应力所引起的应变反应。

③割线模量

该值为应力—应变曲线原点与曲线上相应于 40%极限应力的点所作连线的斜率。该模量包括了非线性部分,也较易测准,适宜于工程应用。

混凝土强度等级为 C10~C60 时,其弹性模量约为 17.5~36.0 GPa。

2)影响弹性模量的因素主要有:

①混凝土强度越高,弹性模量越大;

②混凝土养护龄期越长,弹性模量也越大;

③混凝土水胶比越小,混凝土越密实,弹性模量越大;

④骨料含量越高，骨料自身的弹性模量越大，则混凝土弹性模量越大；

⑤掺入引气剂将使混凝土弹性模量下降。

(2)长期荷载作用下的变形——徐变

混凝土承受持续一定荷载（如应力达到50%～70%的极限强度）时，保持荷载不变，随时间的延长而增加的变形，称为徐变。

混凝土徐变在加荷早期增长较快，然后逐渐减慢。当混凝土卸载后，一部分变形瞬时恢复，还有一部分要过一段时间才恢复，称为徐变恢复。剩余不可恢复部分，称为残余变形。徐变与徐变恢复如图3-12所示。

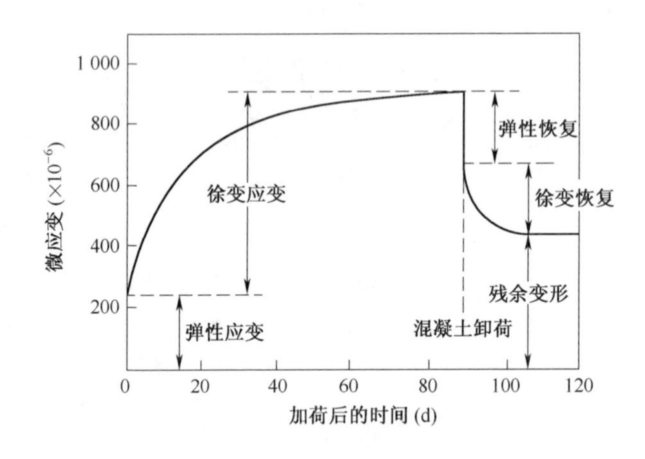

图3-12　徐变与徐变恢复

一般认为，徐变产生原因是由于水泥石凝胶体在长期荷载作用下的黏性流动或滑移，同时吸附在凝胶粒子上的吸附水因荷载应力而向毛细管渗出。

混凝土的徐变对混凝土及钢筋混凝土结构物的应力和应变状态有很大影响。徐变可能超过弹性变形，甚至达到弹性变形的2～4倍。徐变应变一般可达$(3\sim15)\times10^{-4}$ m/m。

混凝土的徐变在不同结构物中有不同的作用。对普通钢筋混凝土结构，能消除混凝土内部温度应力和收缩应力，降低混凝土的开裂现象；对预应力混凝土结构，混凝土的徐变能使预应力损失大大增加，这是极其不利的。因此预应力结构通常要求混凝土强度等级应较高，以减小徐变及预应力损失。

影响混凝土徐变的因素有以下几点：

① 水泥用量越多，徐变越大，采用强度发展快的水泥则混凝土徐变减小；

② 环境湿度减小和混凝土失水会使徐变增加；

③ 水胶比越小，混凝土徐变越小；

④ 增大骨料用量，则会相应增大混凝土弹性模量，从而会使徐变减小；

⑤ 尽量在较晚的龄期加荷，会使混凝土徐变减小；

⑥ 龄期长，结构致密，强度高，则徐变小；

⑦ 应力水平越高，徐变越大。

此外徐变还与试验时的应力种类、试件尺寸、温度等有关。

第三节 现代混凝土耐久性能配合比设计的基础知识

一、混凝土耐久性

混凝土的耐久性是它暴露在使用环境下抵抗各种物理和化学作用破坏的能力。长期以来，人们认为混凝土材料是一种耐久性良好的材料，且与金属材料、木材比较，混凝土不生锈、不腐朽。同时也是因为过去人们对混凝土结构物寿命的期望值较低，认为能够使用 50 年以上就是耐久性很好的材料。

随近些年工程中出现的问题和形势的发展，使人们认识到混凝土材料的耐久性应受到高度重视。一方面国内外大量的混凝土结构物没有达到预期的使用年限，受环境作用而过早破坏。1998 年，美国标准局调查表明当年混凝土桥梁的修复费用为 1 550 亿美元；我国最早建成的北京西直门立交桥由于混凝土结构耐久性的不足而造成破损严重，使用不到 19 年就被迫拆除；北京东直门、大北窑桥等二十几座立交桥也不得不提前进行大修或部分更换；山东潍坊白浪河大桥按交通部公路桥梁通用标准图建造，但因位于盐渍地区,受盐冻侵蚀仅使用8年就成危桥,现已部分拆除并加固重建。港口、码头、闸口等工程因处于海洋环境,腐蚀情况更为严重。1980年,交通部四航局等单位对华南地区18座码头进行调查,结果有80%以上均发生严重或较严重的钢筋锈蚀破坏,出现破坏的码头有的距建成时间仅5~10年;青岛市临海某16层混凝土结构大楼,1989年11月竣工,3年后就由于楼盖板钢筋严重锈蚀,致使结构失效,16层楼盖全部拆除。1990年以后,随着混凝土等级提高,大量建筑出现早期开裂,损失严重。

另一方面,随着经济的发展、社会的进步,各类投资巨大、施工期长的大型工程日益增多,如大跨度桥梁、超高层建筑、大型水工结构物等,人们对结构耐久性的期待日益提高,希望混凝土构筑物能够有数百年的使用寿命,做到历久弥坚。同时,由于人类开发领域的不断扩大,地下、海洋、高空环境建筑越来越多,有些结构物使用的环境可能越来越苛刻,客观上都要求混凝土有优异的耐久性。

由上可见,混凝土的耐久性是一个综合性概念,它包括的内容很多,如抗渗性、抗冻性、抗侵蚀性、抗碳化性、抗碱—集料反应、抗氯离子渗透等方面。这些性能决定着混凝土经久耐用的程度。

二、混凝土的抗渗性

(一)抗渗性定义

混凝土材料抵抗压力水渗透的能力称为抗渗性,它是决定混凝土耐久性最基本的因素。在钢筋锈蚀、冻融循环、硫酸盐侵蚀和碱—集料反应这些导致混凝土品质劣化的原因中,水能够渗透到混凝土内部是破坏的前提,也就是说水或者直接导致膨胀和开裂,或者是作为侵蚀性介质扩散进入混凝土内部的载体。可见,渗透性对于混凝土耐久性有重要意义。

(二)抗渗性的试验测定

(1)普通混凝土的抗渗性用抗渗等级表示,共有P4、P6、P8、P10、P12五个等级。混凝土的抗渗试验采用185 mm×175 mm×150 mm的圆台形试件,每组6个。试件按照标准试验方法成型,在28~60 d养护期间内进行抗渗性试验。试验时将圆台形试件周围密封并装入模具,从圆台试件底部施加水压力,初始压力为 0.1 MPa,每隔 8 h 增加 0.1 MPa。6 个试件中有 4 个试件未出现渗水时的最大水压力表示其抗渗等级。

(2)现代混凝土由于具有很高的密实度,按现行国家标准用加压透水的方法已无法对其渗透性进行正确评价。目前较常用的混凝土渗透性评价方法是《高性能混凝土应用技术规程》CECS 207 中的 ASTMC1202 直流电量法和 NEL 法。

ASTMC120 直流电量法是将混凝土试块切割成厚度为 100 mm×100 mm×50 mm 或 ϕ100 mm×50 mm 的上下表面平行的试样。试件在真空下浸水饱和,侧面密封,安装到实验箱中,两端安置铜网电极。负极浸入3%的 NaCl 溶液,正极浸入 0.3 mol 的 NaOH 溶液,通过计算 60 V 直流电压下 6 h 通电量来评价混凝土的渗透性。其评价范围见表 3-4。

表 3-4 ASTMC1202 直流电量法评价标准

6 h 总导电量(C)	Cl^-渗透性	相应类型的混凝土
>4 000	高	W/B>0.6 普通混凝土
2 000~4 000	中	中等水胶比(0.5~0.6)混凝土
1 000~2 000	低	低水胶比混凝土
100~1 000	非常低	低水胶比,掺 5%~10%硅粉混凝土
<100	可忽略不计	聚合物混凝土,掺硅粉 10%~15%混凝土

NEL 法是将标养 28 d 的混凝土试件(可为钻芯样)表面切去 20 mm,然后切成 100 mm×100 mm×50 mm 或 ϕ100 mm×50 mm 试样,上下表面应平整。取其中三块试件在 NEL 型真空饱盐设备中用 4 mol/L 的 NaCl 溶液真空饱盐。擦去饱盐试件表面盐水,并置于试件夹具上的尺寸为 ϕ50 mm 的两紫铜电极间,再用 NEL 型氯离子扩散系数测试系统在低电压(1~10 V)下对饱盐混凝土试件的氯离子扩散系数进行测定。饱盐完成后,可在 15 min内得到结果。其评价指标见表 3-5。

表 3-5　NEL 法评价指标

氯离子扩散系数($10^{-14}m^2/s$)	混凝土渗透性
>1 000	Ⅰ(很高)
500~1 000	Ⅱ(高)
100~500	Ⅲ(中)
50~100	Ⅳ(低)
10~50	Ⅴ(很低)
5~10	Ⅵ(极低)
<5	Ⅶ(可忽略)

(三)影响混凝土抗渗性的因素

混凝土的抗渗性是由水泥石的抗渗性,所用骨料的粒径、抗渗性和两者界面情况决定的。而影响水泥石抗渗性的因素是毛细孔隙率、毛细孔径和毛细孔连通程度。具体来说,当骨料已定时,首先水胶比(或者说强度)是最主要的影响因素。低水胶比高强度的混凝土有很小的渗透系数,水很难通过混凝土。养护龄期越长,水化程度越高,混凝土抗渗性越好。水泥水化生成的 C-S-H 凝胶中的凝胶孔由于孔径很小,水实际上是通不过的,所以 C-S-H 生成物起了隔断毛细孔通道的作用。在混凝土中掺适量矿物掺和料时,由于矿物掺和料与水泥中 C_3S 和 C_2S 水化生成的 $Ca(OH)_2$ 起火山灰反应又能生成 C-S-H 凝胶,有助于孔的细化和增大孔的曲折程度,同时掺适量矿物掺和料能增强骨料与水泥石的界面,因此同强度的掺有适量矿物掺和料的混凝土较纯硅酸盐水泥混凝土抗渗性好。在混凝土中掺入适量引气剂,以在混凝土中生成大量微细气孔也能提高抗渗性,这些微细空气泡起到切断毛细孔连通性的作用。混凝土遭受干湿交替会增大其渗透性,这是因为交替的干燥和吸湿会在水泥石内和界面上产生微裂纹,易形成新的毛细孔通道。

(四)提高混凝土抗渗性的途径

提高混凝土抗渗性的主要措施是:①选择渗透性小的骨料;②降低水胶比,提高强度;③在保证相同强度的条件下,掺加适量矿物掺和料:硅灰、矿渣、优质粉煤灰等;④引入适量细空气泡;⑤加强养护,避免在施工期干湿交替;⑥掺加某些防水剂等。

三、混凝土的抗冻性

(一)抗冻性定义

混凝土的抗冻性是指混凝土在水饱和状态下经受多次冻融循环作用,能保持强度和外观完整性的能力。

混凝土中含各种孔径的孔,大至毫米级的粗孔,小至纳米级的凝胶孔。由于毛细孔张力的作用,不同孔径的毛细孔水的饱和蒸汽压是不同的,孔径越小,水的饱和蒸汽压也越小,冰点也越低。冰点与孔径的关系可以按式(3-7)表示:

$$\frac{T_0 - T}{T_0} = \frac{2V_f\sigma}{rQ} \tag{3-7}$$

式中 T_0——自由水的冰点,以绝对温度 K 表示,即 273 K;

T——毛细孔水的冰点;

V_f——冰的克分子比容;

σ——表面张力;

r——毛细孔半径;

Q——熔解热。

水泥石中的水溶有一些盐,如钾、钠、钙离子。溶液的饱和蒸汽压比纯水低,在不外掺盐类的水泥石中自由水的冰点约为-1~-1.5 ℃。

当温度降低到-1~-1.5 ℃时,大孔中的水首先开始结冰。由于冰的蒸汽压小于水的蒸汽压,周围较细孔中的未冻结水自然地向大孔方向渗透。冻结是一个渐进的过程,冻结从最大孔中开始,逐渐扩展到较细的孔。一般认为温度在-12 ℃时,毛细孔水都能结冰。至于胶孔中的水,由于它与水化物固相的牢固结合力,孔径极小,冰点更低。Powers 认为水泥石中的可蒸发水要在-78 ℃才能全部冻结。因此,实际上凝胶孔水是不可能结冰的。

(二)冻融破坏机理

现有两种假说来说明混凝土冻融破坏的机理:静水压假说和渗透压假说。

一般中等强度以上的混凝土在不直接接触水的条件下不存在冻融破坏的问题。下面讨论的是混凝土大量吸水后的冻融情况。

(1)静水压假说

混凝土中除了有凝胶孔和孔径大小不等的毛细孔外,还有在搅拌和成型过程中引入的空气,以及掺加引气剂或引气型减水剂人为引入的空气泡。前者约占混凝土体积的1%~2%,后者则根据外加剂掺量而不等(2%~6%)。由于毛细孔力的作用,孔径小的毛细孔容易吸满水,孔径较大的空气泡则由于空气的压力,常压下不容易吸水饱和。在某个负温下,部分毛细孔水结成冰。众所周知,水转变为冰体积膨胀9%,这个增加的体积产生一个水压力把水推向空气泡方向流动。

毛细孔水饱和时,结冰产生的最大静水压力与材料渗透系数成反比,即水越易通过材料,则所产生的静水压力也越小;又与结冰量增加速率和空气泡间距的平方成正比,而结冰量增加速率又与毛细孔水的含量(与水胶比、水化程度有关)和降温速度成正比。当静水压力大到一定程度以至混凝土强度不能承受时,混凝土膨胀开裂以至破坏。

(2)渗透压假说

渗透压是由孔内冰和未冻水两相的自由能之差引起的。冰的蒸汽压小于水的蒸汽压,这个压差使附近尚未冻结的水向冻结区迁移,并在该冻结区转变为冰。此外,混凝土中的水含有各种盐类(环境中的盐、水泥水化产生的可溶盐和外加剂带入的盐)。冻结区水结冰后,未冻溶液中盐的浓度增大,与周围液相中盐的浓度差也产生一个渗透压。因此作为施于混凝土的破坏力的渗透压是冰水蒸气压差以及盐浓度差两者引起的。

毛细孔的弧形界面即毛细孔壁受到的压力可以抵消一部分渗透压。此外,毛细孔水向未吸满水的空气泡迁移,失水的毛细孔壁受到的压力也能抵消一部分渗透压。这一部分毛细孔壁所受的压力又与空气泡间距有关,间距越小,失水收缩越大,也就是说起到的抵消渗透压的作用越大。

综上所述,冻结对混凝土的破坏力是水结冰体积膨胀造成的静水压力和冰水蒸气压差和溶液中盐浓度差造成的渗透压两者共同作用的结果。多次冻融交替循环使破坏作用积累,犹如疲劳作用,使冻结生成的微裂纹不断扩大直到破坏。

(三)抗冻性的表征及测试方法

混凝土抗冻性用抗冻等级表示。抗冻试验方法有两种:慢冻法和快冻法。

(1)慢冻法

采用立方体试块,以龄期 28 d 的试件在吸水饱和后承受反复冻融循环作用(冻 4 h、融 4 h),以抗压强度下降不超过 25%、质量损失不超过 5%时所能承受的最大冻融循环次数表示,如 D50、D100 等。

(2)快冻法

采用 100 mm×100 mm×400 mm 的棱柱体试件,从龄期 28 d 后进行试验。试件饱和吸水后承受冻融循环,一个循环在 2~4 h 内完成,以相对动弹性模量值不小于 60%、而且质量损失率不超过 5%时所承受的最大循环次数表示,如 F150、F200、F300 等。

根据快速冻融最大次数,按公式(3-8)可以求出混凝土的耐久性系数。

$$K_n = P_n \times \frac{N}{300} \tag{3-8}$$

式中　K_n——混凝土耐久性系数;

N——满足快冻法控制指标要求的最大冻融循环次数,次;

P_n——经 N 次冻融循环后试件的相对动弹性模量。

(四)影响混凝土抗冻性的因素

混凝土受冻融破坏的程度决定于下面一些因素:冻结温度和速度、可冻水的含量、水饱和的程度、材料的渗透性(冰水迁移的难易程度)、冰水混合物流入卸压空气泡的距离(以气泡平均间距表示)以及抵抗破坏的能力(强度)等。这些因素中有些因素是环境决定的,如环境温度、降温速度、与暴露环境水的接触和水的渗透情况等;有的是材料自身的因素,如骨料、水泥品种、矿物掺和料、水胶比、气泡间距、含气量等。

(1)骨料:岩石的孔隙率较小,为0~5%,又有足够高的强度承受冻结的破坏力。同时骨料被水泥石包围,水分首先为水泥石饱和。所以混凝土受冻融的薄弱环节应该是水泥石,骨料对抗冻性的影响相对来说是次要因素。

(2)水泥品种:国外许多试验表明,水泥的化学组成、细度和品种对混凝土的抗冻融破坏无显著影响,除非混凝土早期受冻。因在早期水泥品种、组成影响水化程度,从而影响可冻结水的量和早期强度。因此冬期施工混凝土应该用早强型的硅酸盐水泥。

(3)矿物掺和料:我国生产的水泥大部分都掺有混合材,且掺量较大,在制备混凝土时有时又掺加矿物掺和料,如粉煤灰等。研究表明掺粉煤灰的混凝土抗冻性比等强度的空白混凝土差一些,特别是不引气的混凝土。这可能是由于掺粉煤灰的水泥石渗透性小,冻结静水压力大的缘故。也有资料表明,用磨细石灰岩粉作为混合材的水泥,混凝土的抗冻性也比较差。

(4)水胶比:水胶比是影响混凝土抗冻性的主要因素之一。水胶比通过两个途径影响抗冻性。水胶比影响可冻结水的含量,同时水胶比又决定了强度,二者都影响抗冻性。因此对有冻融破坏可能的混凝土,应该对其允许最大的水胶比按暴露环境的严酷程度作出规定。

(5)气泡间距:平均气泡间距是影响抗冻性的最主要因素。一般认为对高抗冻性混凝土,平均气泡间距应小于0.25 mm,因为大于0.25~0.30 mm,抗冻性急剧下降。平均气泡间距的测量较麻烦且费时。实际工程中混凝土配合比设计时,一般用拌和料的含气量来控制。拌和料的含气量是搅拌施工过程中夹杂进去的大气泡和引气剂引入的小气泡之和。前者约为1%,其孔径大,所以对抗冻性的贡献不大。增加搅拌时间和振捣密实能减少其数量。引气剂引入的空气泡的孔径大小决定于引气剂的质量。

为达到一定的抗冻性所需的总含气量与胶凝材料用量和水胶比有关。胶凝材料用量和水胶比大,浆体体积就大,则要求含气量大一些。当总含气量大于 3.5%~4%时,平均气泡间距都能小于 0.25 mm。因此,有抗冻要求的混凝土含气量应控制在 3%~6%。

(五)提高混凝土抗冻性的途径

在工程上设计高抗冻性混凝土的要点是:

(1)合理地选择骨料。选用密实度大一些的骨料时,不要用疏松风化的骨料。骨料粒径小些为好。

(2)尽量用普通硅酸盐水泥,如掺粉煤灰等混合材,要适当增大含气量和引气剂剂量。

(3)在选定原材料后最关键的控制参数是含气量和水胶比。根据环境条件,水胶比不应超过允许的最大值。

(4)水胶比确定后,根据抗冻性要求,确定要求的含气量(3%~6%)。根据含气量确定引气剂掺量。为得到相同含气量,引气剂掺量因引气剂不同品种而不同。

(5)因引入气泡造成混凝土强度有所降低,须调整混凝土水胶比,以弥补强度损失。

四、除冰盐对混凝土的破坏——冻结和盐的综合作用

在冬季,高速公路和城市道路为防止因结冰和积雪使汽车打滑造成交通事故,通常在路面撒除冰盐($NaCl$ 或 $CaCl_2$)以降低冰点去除冰雪。近年来,国内外交通行业和学术界越来越注意到除冰盐对混凝土路面和桥面造成的严重破坏。工程应用中发现除冰盐不仅引起路面破坏,渗入混凝土中的氯盐又会导致严重的钢筋锈蚀,加速碱—骨料反应。

(一)除冰盐破坏机理

除冰盐破坏从本质上看是冻融破坏的一种特殊形式,但冻融和盐的综合作用比单纯冻融破坏严酷得多。主要表现为:

(1)渗透压增大导致混凝土孔隙饱和吸水度提高,结冰压增大;

(2)盐的结晶压力;

(3)盐的浓度梯度使受冻时因分层结冰产生应力差,盐冻的产生加剧

了冻害。

综上所述,除冰盐对混凝土的破坏作用主要在于:①在盐溶液中混凝土吸水饱和度增大,冻融破坏的动力更大;②在混凝土失水时,盐的结晶压使混凝土膨胀。

(二)破坏特征

(1)破坏从表面开始,逐渐向内部发展,表面砂浆剥落,骨料暴露;

(2)剥落层内部的混凝土保持坚硬完好;

(3)这种破坏非常快,少则一冬,多则数冬,可产生严重剥蚀破坏;

(4)干燥时剥蚀表面及裂纹内可见白色粉末 NaCl 晶体。

(三)主要预防措施

影响混凝土抗盐冻能力的因素与混凝土抗冻性大致是一样的,主要是含气量和水胶比。设计遭受除冰盐作用的混凝土时含气量应比一般抗冻混凝土更大,应在6%以上。因此,预防除冰盐破坏的主要技术措施为:①掺加引气剂,适当增大含气量(6%以上)。②注意选择水泥品种。在水泥中掺加混合材对抗除冰盐破坏不利,应该采用硅酸盐水泥或普通硅酸盐水泥;③在配制混凝土时不要掺矿物掺和料,如矿渣、粉煤灰等。

五、环境化学侵蚀对混凝土的破坏

混凝土暴露在有化学物的环境和介质中,有可能遭受化学侵蚀而破坏,如化工生产环境、化工废水、硫酸盐浓度较高的地下水、海水、生活污水和压力下流动的淡水等。化学侵蚀的类型可分为水泥石组分的浸出、酸性水和硫酸盐侵蚀。

(一)水泥石组分的浸出

混凝土是耐水的材料,在一般河水、湖水、地下水中钙、镁含量较高,水泥石中的水化产物不会溶出,因此不存在化学侵蚀问题。但如受到纯水及由雨水或冰雪融化的含钙少的软水浸析时,水泥水化生成的 $Ca(OH)_2$ 首先溶于水中,因为水化生成物中 $Ca(OH)_2$ 的溶解度最高(20 ℃时约为1.2 gCaO/L)。当水中 $Ca(OH)_2$ 浓度很快达到饱和,溶出作用就停止。只有在压力流动水中，且混凝土密实性较差，渗透压较大时，流动水不断将$Ca(OH)_2$溶出并流走。水泥石中的$Ca(OH)_2$被溶出，在混凝土中形成孔隙，混凝土强度不断降低。水泥水化生成的水化硅酸钙、铝酸盐都需在一定浓度$Ca(OH)_2$的液相中才能稳定，在$Ca(OH)_2$不断溶出后，其他水化生成物也会被水分解并溶出。在我国小丰满发电厂的水坝中可见到典型的水泥水化产物的溶出破坏。该水坝建于20世纪40年代，混凝土原始强度很低，经长年流水溶出，甚至在混凝土中形成很大的孔洞。

淡水溶出水泥水化生成物的破坏过程是很慢的，只要混凝土的密实性和抗渗性好，一般都可以避免这类侵蚀。

(二)酸的侵蚀

硬化水泥浆体本身是一种碱性材料，其孔隙中的液体pH值为12.5~13.5，因此碱性介质一般不会对混凝土造成破坏。在酸性介质中则完全不同了，各种酸性溶液都能对混凝土造成一定程度的破坏。实践表明，环境水的pH值小于6.5即可能产生侵蚀。

酸性水在天然水中是不多见的。有机物严重分解的沼泽地的地下水中含CO_2浓度较高。燃料燃烧产生的废气中SO_2含量很高，造成城市空气的污染，以至某些大城市产生酸雨。酸性水主要来自肥料工业、食品工业等的工业废水。

酸性水与混凝土中的$Ca(OH)_2$起置换反应生成可溶的钙盐，这些钙盐通过滤析被带走。如肥料工业废水NH_4Cl与$Ca(OH)_2$反应：

$$2NH_4Cl+Ca(OH)_2 \longrightarrow 2NH_4OH+CaCl_2 \quad (3\text{-}9)$$

生成物NH_4OH和$CaCl_2$都是可溶的，因此对混凝土的侵蚀很厉害。

含CO_2较高的水(碳酸)与$Ca(OH)_2$反应生成可溶的重碳酸钙，反应如式(3-10)所示：

$$Ca(OH)_2+2CO_2+2H_2O \quad Ca(HCO_3)_2+2H_2O \quad (3\text{-}10)$$

这个反应是可逆反应，当CO_2浓度超过平衡浓度，反应向右进行而侵蚀水泥石。CO_2的平衡浓度取决于水的硬度。

酸性水对混凝土侵蚀程度按其pH值或CO_2浓度分级，见表3-6。

表 3-6　酸性水的侵蚀程度

侵蚀程度	pH 值	CO_2浓度(ppm)
轻微	5.5~6.5	15~30
严重	4.5~5.5	30~60
非常严重	<4.5	>60

混凝土的抗酸侵蚀性一般采用快速试验。混凝土试件在浓度较高的酸性溶液中浸泡一定时间,测其强度降低值。缺乏快速试验与实际条件下侵蚀的相关数据,因为快速试验用的浓酸肯定最终会使水泥石全部溶解,而在实际使用条件下情况就不同。所以迄今尚没有标准的试验方法。快速试验能只能对不同混凝土的抗酸性进行相对比较。

在相同强度的条件下,掺矿渣或火山灰等矿物掺和料对混凝土的抗酸性是有利的,因为掺矿物掺和料的水泥石中 $Ca(OH)_2$含量较少。但对抗酸性而言,混凝土的密实度(强度)比矿物掺和料的影响更大。

(三)硫酸盐侵蚀

硫酸盐溶液能与水泥水化产物产生化学反应而使混凝土受到侵蚀,甚至破坏。土壤中含有硫酸镁及碱等,土壤中的地下水实际上是硫酸盐溶液,如其浓度高于一定值,可能对混凝土有侵蚀作用。我国青海盐湖地区地下水中硫酸盐含量很高,对建筑物基础的侵蚀成为严重问题。硫酸盐侵蚀是一种比较常见的化学侵蚀形式。

(1)硫酸盐侵蚀的机制

溶液中的硫酸钾、硫酸钠、硫酸镁等化合物与水泥水化生成的 $Ca(OH)_2$反应生成硫酸钙,如式(3-11)所示:

$$Ca(OH)_2+Na_2SO_4+2H_2O \longrightarrow CaSO_4 \cdot 2H_2O+2NaOH \quad (3\text{-}11)$$

在流动的水中,反应可不断进行。在不流动的水中,达到化学平衡,一部分 SO_3以石膏析出。

硫酸钙与水泥熟料矿物 C_3A 水化生成的水化铝酸钙 C_4AH_{19}和水化单硫铝酸钙 $3CaO \cdot Al_2O_3 \cdot CaSO_4 \cdot 18H_2O$ 都能反应生成水化三硫铝酸钙

(又称钙矾石),见下列反应式:

$$3CaO \cdot Al_2O_3 \cdot CaSO_4 \cdot 18H_2O + 2CaSO_4 + 14H_2O \longrightarrow 3CaO \cdot Al_2O_3 \cdot 3CaSO_4 \cdot 32H_2O \quad (3\text{-}12)$$

$$4CaO \cdot Al_2O_3 \cdot 19H_2O + 3CaSO_4 + 14H_2O \longrightarrow 3CaO \cdot Al_2O_3 \cdot 3CaSO_4 \cdot 32H_2O + Ca(OH)_2 \quad (3\text{-}13)$$

钙矾石的溶解度极低,沉淀结晶出来,钙矾石晶体长大造成的结晶压使混凝土膨胀而开裂。因此硫酸盐侵蚀的根源是硫酸盐溶液与水泥中C_3A矿物的水化生成物和 $CaSO_4$反应形成钙矾石的膨胀。

如水中镁离子的含量较大,则硫酸镁的侵蚀比硫酸钾、硫酸钠、硫酸钙更为严重。因为硫酸镁除了上述钙矾石膨胀外,还能与水泥中硅酸盐矿物水化产物水化硅酸钙凝胶反应,使其分解。硫酸镁首先与 $Ca(OH)_2$反应生成硫酸钙和氢氧化镁:

$$Ca(OH)_2 + MgSO_4 + 2H_2O \longrightarrow CaSO_4 \cdot 2H_2O + Mg(OH)_2 \quad (3\text{-}14)$$

氢氧化镁的溶解度很低,沉淀出来,因此这个反应可以不断地进行。由于反应消耗 $Ca(OH)_2$,使水化硅酸钙分解释放出 $Ca(OH)_2$,供上述反应继续进行:

$$3CaO \cdot 2SiO_2 \cdot nH_2O + 3MgSO_4 + mH_2O \longrightarrow 3(CaSO_4 \cdot 2H_2O) + 3Mg(OH)_2 + 2SiO_2 \cdot (m+n-3)H_2O \quad (3\text{-}15)$$

由此可见,硫酸镁还能使水泥中硅酸盐矿物水化生成的 C-S-H 凝胶处于不稳定状态,分解出 $Ca(OH)_2$,从而破坏了 C-S-H 的胶凝性。

(2)影响混凝土抗硫酸盐侵蚀性的因素

1)在实际工程中如遇到地下水硫酸盐侵蚀问题时,首先应知道地下水的硫酸盐离子浓度(或土壤中硫酸盐含量)和金属离子的含量,地下水的流动情况以及结构工程的形式。硫酸盐侵蚀的速度除硫酸盐浓度外,还与地下水流动情况有关。当混凝土结构的一面处于含硫酸盐的水的压力下,而另一面可以蒸发失水,受硫酸盐侵蚀的速率远较混凝土结构各面都浸于含硫酸盐水中的侵蚀速率为大。因此,地下室混凝土墙、挡土墙、涵洞等比基础更易受侵蚀。

2)提高混凝土密实度,降低其渗透性是提高抗硫酸盐性能的有效措施。因此在有硫酸盐侵蚀的条件下,应适当提高混凝土结构的厚度,适当增加胶凝材料用量和降低水胶比,并保证振捣密实和良好的养护。

3)正确选择水泥品种是工程上控制硫酸盐侵蚀的重要技术措施。从破坏机制可见,水泥中的 C_3A 和水化生成的 $Ca(OH)_2$ 是受硫酸盐侵蚀的根源。因此应该选用熟料中 C_3A 含量低的水泥,一般 C_3A 含量低于 7%的水泥具有较好的抗硫酸盐性能。相对于 C_3A 来说,C_4AF 受硫酸盐侵蚀较小。

4)在混凝土拌和料中掺加粉煤灰、矿渣等矿物掺和料都有利于提高抗硫酸盐侵蚀性。由于这些矿物掺和料都能与水泥水化生成的 $Ca(OH)_2$ 反应生成 C-S-H 凝胶,因而减少水化物中的 $Ca(OH)_2$ 含量,掺加粉煤灰的效果优于矿渣。但应注意,这个反应进行较缓慢,后期反应量才较多。因此应采取一定技术措施,使混凝土在足够的龄期后再受到硫酸盐的侵蚀。且要特别注意混凝土有更长的养护时间。在比较严重的侵蚀条件下,可采用抗硫酸盐水泥和掺矿物掺和料双重技术措施。

六、碱—骨料反应

(一)碱—骨料反应的定义

混凝土中的碱性氧化物(Na_2O、K_2O)与骨料中的活性 SiO_2、活性碳酸盐发生化学反应生成碱—硅酸盐凝胶或碱—碳酸盐凝胶,沉积在骨料与水泥石的界面上,吸水后体积膨胀 3 倍以上导致混凝土开裂破坏。

碱—骨料反应破坏的特征表现为:①开裂破坏一般发生在混凝土浇筑后两、三年或者更长时间;②常呈现顺筋开裂和网状龟裂;③裂缝边缘出现凹凸不平现象;④越潮湿的部位反应越强烈,膨胀和开裂破坏越明显;⑤常有透明、淡黄色、褐色凝胶从裂缝处析出。

(二)碱—骨料反应的膨胀机制

(1)碱—氧化硅反应

Diamond 总结了碱—氧化硅反应的机制,提出了反应的 4 个阶段:①氧化硅结构被碱溶液解聚并溶解；②形成碱金属硅酸盐凝胶；③凝胶吸水肿胀；④进一步反应形成液态溶胶。

混凝土中孔溶液的碱度（pH 值）对二氧化硅的溶解度和溶解速率影响很大。孔中的氢氧化钠（钾）与被解聚的二氧化硅就地反应生成硅酸钠（钾）凝胶：

$$2NaOH+nSiO_2 \longrightarrow Na_2O \cdot nSiO_2 \cdot H_2O \qquad (3\text{-}16)$$

上述反应可能在骨料颗粒的表面进行，也可能贯穿颗粒，决定于骨料的缺陷。硅酸钠（钾）凝胶能吸收相当多的水分，并伴有体积膨胀。该膨胀有可能引起骨料颗粒的崩坏和周围水泥石的开裂。

（2）碱—碳酸盐反应

并不是所有碳酸盐岩石都能与碱起破坏性的反应，一般的石灰岩和白云岩是无害的。20 世纪 50 年代，先后在加拿大、美国发现碱与某些碳酸盐岩石的骨料反应导致混凝土破坏。这些骨料是泥质白云石质石灰岩，其黏土含量在 5%~20%之间。

碱—碳酸盐反应的机制与碱—氧化硅反应完全不同。首先碱与白云石作用，起下列反白云石化反应：

$$CaCO_3 \cdot MgCO_3+2NaOH \longrightarrow Mg(OH)_2+CaCO_3+Na_2CO_3 \qquad (3\text{-}17)$$

这个反应生成物能与水泥水化产物 $Ca(OH)_2$继续反应生成 NaOH。这样，NaOH 还能继续与白云石反应进行反白云石化反应，因此在反应过程中不消耗碱。

$$Na_2CO_3+Ca(OH)_2 \longrightarrow 2NaOH+CaCO_3 \qquad (3\text{-}18)$$

反白云石化反应本身并不能说明膨胀，因为反应生成物的体积小于反应物的体积，所以反应本身并不引起膨胀。只有含黏土的白云石才能引起膨胀，因为白云石晶体中包裹着黏土，白云石晶体被碱的反应破坏后，基体中的黏土暴露出来，能够吸水。众所周知，黏土吸水体积膨胀。因此，碱—碳酸盐反应产生的膨胀本质上是黏土的吸水膨胀，而化学反应仅提供了黏土吸水的条件。

由于在碱—碳酸盐反应中，碱被还原而循环使用，即使用低碱水泥也不能避免膨胀。

(三)碱—骨料病害的预防措施

对碱—骨料病害的预防有两种态度:对碱—氧化硅反应积极预防;对碱—碳酸盐反应严禁使用。碱—氧化硅反应积极的预防措施有:①避免使用碱活性骨料;②限制混凝土中碱总含量,一般≤3.0 kg/m^3;③保证混凝土在使用期一直处于干燥状态,或者提高混凝土的抗渗性隔绝水的侵入;④掺用矿物掺和料,如粉煤灰、磨细矿渣,至少要替代25%以上的水泥;⑤掺用引气剂。

七、碳化、氯离子扩散与钢筋锈蚀

(一)钢筋锈蚀的电化学原理

钢筋锈蚀的实质是电化学腐蚀。

混凝土是一种多孔质材料。在混凝土孔隙中是碱度很高的$Ca(OH)_2$饱和溶液,其pH值在12.4以上,有时还有氧化钾、钠,所以pH值可超过13.2。在这种介质条件下,钢筋表面氧化,生成一层厚度为$(2\sim6)\times10^{-3}$ μm的水化氧化膜γ-$Fe_2O_3 \cdot nH_2O$。这层膜很致密,牢固地吸附在钢筋表面上,使其难以再继续进行电化学反应。从电化学动力学角度,钢筋处于钝化态,不发生锈蚀。因此,对于施工质量好、保护层密实度高、没有裂纹的钢筋混凝土结构物,如长期保持钢筋处于钝化态,即使处于不利环境,钢筋也不致锈蚀。

然而,钢筋表面的这层钝化膜,可以由于混凝土与大气中的CO_2作用(碳化)或与酸类的反应而使孔溶液pH值降低或者氯离子的进入而遭破坏。钢筋由钝化态转为失钝态,就会开始锈蚀。因此钢筋钝化膜的破坏(或称去钝化)是混凝土中钢筋锈蚀的先决条件,而诱导钝化膜破坏的原因主要是保护层的碳化或氯离子通过混凝土保护层扩散到钢筋表面。而后者更为普遍和严重。

钝化膜一旦破坏,钢筋表面形成腐蚀电池。其起因有两种情况:①有不同金属的存在,如钢筋与铝导线管,或钢筋表面的不均匀性(不同的钢筋、焊缝、钢筋表面的活性中心）；②紧贴钢筋环境的不均匀性，如浓度差。这两个不均匀性产生电位差，在电介质溶液中形成腐蚀电池。在钢筋表面或在不同金属表面形成阳极区和阴极区。

在有水和氧气存在的条件下钢筋的某一局部为阳极，被钝化膜包裹的钢筋为阴极。阳极产生如下反应，释放出电子：

$$\text{阳极反应：} Fe \longrightarrow Fe^{2+}+2e^{-} \tag{3-19}$$

电子通过钢筋流向阴极。在阴极水和氧气反应：

$$\text{阴极反应：} O_2+2H_2O+4e^{-} \longrightarrow 4OH^{-} \tag{3-20}$$

锈蚀的全反应就是这两个反应的不断进行，并在钢材表面析出氢氧化亚铁：

$$2Fe+O_2+2H_2O \longrightarrow 2Fe^{2+}+4OH^{-} \longrightarrow 2Fe(OH)_2 \tag{3-21}$$

生成的氢氧化亚铁在水和氧的存在下继续氧化，生成氢氧化铁：

$$4Fe(OH)_2+O_2+2H_2O \longrightarrow 4Fe(OH)_3 \tag{3-22}$$

钢氧化转变为铁锈时，伴有体积增大，增大量因氧化生成物状态而不同，最大可增大 5 倍。这个体积增大引起混凝土膨胀和开裂，其又进一步加速锈蚀反应。同时钢筋锈蚀后，有效直径减小，直接危及混凝土结构的安全性。

（二）碳化对钢筋锈蚀的影响

碳化是空气中的二氧化碳与水泥石中的水化产物在有水的条件下发生化学反应，生成碳酸钙和水。碳化过程是二氧化碳由表及里向混凝土内部逐渐扩散的过程。未经碳化的混凝土 pH＝12～13，碳化后 pH＝8.5～10，接近中性，故碳化又称中性化。混凝土碳化程度常用碳化深度表示。碳化对钢筋锈蚀的影响主要表现为：①使混凝土的碱度降低，减弱了对钢筋的保护作用；②引起混凝土收缩，容易使混凝土的表面产生微细裂纹，抗拉和抗折强度下降。

影响混凝土碳化的因素：

（1）外部环境

①二氧化碳的浓度：二氧化碳浓度升高将加速碳化的进行。近年来，

工业排放二氧化碳量持续上升,城市建筑混凝土碳化速度也在加快。

②环境湿度:水分是碳化反应进行的必需条件。相对湿度在50%~75%时,碳化速度最快。

(2)混凝土内部因素

①水泥品种与掺和料用量:在混凝土中随着胶凝材料体系中硅酸盐水泥熟料成分减少,掺和料用量的增加,碳化速度加快。

②混凝土的密实度:随着水胶比降低,孔隙率减少,二氧化碳气体和水不易扩散到混凝土内部,碳化速度减慢。

(三)氯离子扩散对钢筋锈蚀的影响

氯离子是一种极强的钢筋锈蚀因子,扩散能力很强。氯离子从混凝土表面扩散到钢筋表面并积累到临界浓度,局部钝化膜开始破坏。大量工程实践表明,混凝土中氯离子浓度在0.3~0.6 kg/m^{3}范围内有引起钢筋锈蚀的可能,超过时锈蚀的可能性更大。还有一些资料证明,钢筋表面氯离子浓度在0.6~0.9 kg/m^{3}范围内应是钢筋腐蚀的发展期,当达到或超过1 kg/m^{3}时,钢筋锈蚀发展可以将混凝土胀裂。一般将1 kg/m^{3}定为混凝土破坏"临界值",但由于混凝土的复杂性和环境的差异性,"临界值"不是一个固定值,它随条件而定的。

八、提高混凝土耐久性的主要措施与要求

(一)减少拌和水及浆体的用量

将拌和水的最大用量作为控制混凝土耐久性能要求的主要手段,要比用最大水胶比更为适宜。因为依靠水胶比的控制尚不能解决混凝土中因浆体过多,而引起收缩和水化热增加的负面影响问题。在现代混凝土中,减少浆体量,增大骨料所占的比例,是提高混凝土抗渗性或抗氯离子扩散性的重要技术措施之一。如果控制好拌和水用量,则可同时控制浆体用量(浆骨比),就有可能从多个方面体现耐久性要求。对水胶比很低的混凝土一般不宜超过150 kg/m^3;对水胶比在0.42以下的混凝土,用水量一般应控制在170 kg/m^{3}以下。

为达到减少拌和水与浆体用量的目的，主要途径有：

(1)选用良好级配和粒形的粗骨料；

(2)掺加高性能减水剂；

(3)使用低需水量比的矿物掺和料；

(4)降低石粉、泥和泥块等有害物的含量。

在胶凝材料体系中，减少混凝土中水泥用量，增大矿物掺和料的用量，可以提高混凝土结构的化学稳定性和抵抗化学侵蚀的能力，同时可以降低内部缺陷，提高密实性。随着减水剂的应用，当水胶比较低时，大掺量矿物掺和料配制的混凝土各方面品质优良，这一点已被近年的工程实践所证实。2004年出版的我国土木工程学会标准《混凝土结构耐久性设计与施工指南》(中国土木工程学会标准 CCES 01—2004)中提出大掺量矿物掺和料混凝土水胶比不宜大于0.42。

(二)增强界面的黏结强度

混凝土中骨料与水泥石界面是最薄弱的环节；强化界面是提高耐久性的重要措施，主要通过以下途径达到这一目的。

(1)降低水胶比。降低水胶比可以提高长期强度，而且使界面强化。

(2)降低水泥用量，增加矿物细粉掺和料。

以上方法可以有效降低界面水胶比，提高密实性，减少氢氧化钙在界面的富集现象。

(三)合理选择水泥品种

选用低水化热和含碱量低的水泥，尽可能避免使用早强水泥和高 C_3A 含量的水泥。

(四)掺用引气剂

引入微小封闭气泡，不仅可以有效提高混凝土抗渗性、抗冻性，而且可以明显提高混凝土抗化学侵蚀能力。这主要是由于这些微小气泡可以缓解部分内部应力，抑制裂纹生成和扩展。

(五)限制单方混凝土中胶凝材料的最大用量

减少单方混凝土中胶凝材料用量，有利于降低混凝土的渗透性，并减少收缩量，所以必须有最高用量的限制。我国对于低水胶比混凝土的胶凝材料用量，过去一直偏高，甚至有的高达 550 kg/m^{3}以上。其主要原因就是因为骨料品质不好，因此必须特别重视对混凝土骨料的级配以及粗骨料的粒形要求。

(六)防止钢筋锈蚀

碳化和氯盐是混凝土中钢筋腐蚀的主要原因，因此应注意以下几点：

(1)控制混凝土组成材料中的氯离子含量。

(2)提高混凝土密实度，降低混凝土碳化速度，降低氯离子渗透量。这样在防止碳化的同时，控制氯离子向钢筋表面富集加速钢筋锈蚀。

(七)加强混凝土质量的生产控制

在混凝土施工中，应当均匀搅拌、灌注和振捣密实及加强养护以保证混凝土的施工质量。

第四章

现代混凝土配合比设计新技术

通过对《普通混凝土配合比设计规程》的解析和混凝土配合比设计基础知识的讲解，明白了混凝土强度、工作性能和耐久性能配合比设计的基本道理。现以强度等级 C30、坍落度 200 mm、抗渗等级 P8、抗冻等级 F100 性能指标的混凝土配合比设计为例，对混凝土配合比设计新技术进行探讨。

假如现场给定 2 套原材料：第 1 套质量较好，为 P·O 42.5 水泥、Ⅱ级粉煤灰（细度 10%、需水量比 100%）、S95 级磨细矿粉（活性指数 98%、比表面积 420 m^2/kg、流动度比 98%）、河砂（中砂、含泥量 3%、泥块含量 1%）、5~31.5 mm 碎石（级配好、针片状含量 8%、含泥量 0.5%）、外加剂减水率自行决定、水为地下水；第 2 套质量差，为 P·O 42.5 水泥、Ⅲ级粉煤灰（细度 30%、需水量比 115%）、S75 级磨细矿粉（活性指数 75%、比表面积 400 m^2/kg、流动度比 92%）、河砂（中砂、含泥量 8%、泥块含量 2%）、5~31.5 mm 碎石（级配较差、针片状含量 15%、含泥量 1%）、外加剂减水率自行决定、水为地下水。现以这 2 套原材料分别进行该性能指标的混凝土配合比设计工作。

第一节　现代混凝土强度配合比设计新技术

先用第 1 套原材料，对 C30 混凝土进行强度配合比设计。

(1)混凝土配制强度的确定

依据《普通混凝土配合比设计规程》的规定,C30 混凝土配制强度为:

$$f_{cu,0} \geq f_{cu,k} + 1.645\sigma = 30 + 1.645 \times 5 = 38.2\ \text{MPa}$$

(2)寻找实际 *W/B* 比

在用现场原材料设计混凝土强度配合比时,需要弄清楚一个设计前提,即《普通混凝土配合比设计规程》使用的标准原材料是什么?因为《普通混凝土配合比设计规程》中 *W/B* 比经验公式是以标准原材料为基础,通过大量试验归纳总结确定的。《普通混凝土配合比设计规程》中标准原材料指定为 P · O 42.5 水泥;Ⅰ级或Ⅱ级粉煤灰(细度≤25%、需水量比≤105%);S95 或 S105 矿渣粉(活性指数≥95%、流动度比≥95%);砂石料均为干净、无有害杂质、级配好的天然砂和石;减水剂的减水率自行决定;水为干净地下水。

另外,用现场第 1 套原材料设计混凝土配合比时,还需要对矿物掺和料掺量和含气量大小 2 个参数先进行设计。因为矿物掺和料掺量和含气量大小发生变化,*W/B* 比和单位用水量也会相应变化。结合混凝土的性能指标和第 1 套原材料的品质特征,设计Ⅱ级粉煤灰掺量为 15%、S95 级磨细矿粉掺量为 15%、含气量为 3%。混凝土有抗冻等级 F100 指标要求,抗冻性混凝土配合比设计要求矿物掺和料最高掺量宜≤30%为宜。另外第 1 套原材料中粉煤灰和磨细矿粉的品质相差不大,所以二者设计为等量使用。同时含气量太大对混凝土强度伤害大,使得 *W/B* 比设计时会比较太小,混凝土成本不够经济;含气量太小,混凝土抗冻性又难以满足抗冻性指标 F100 的要求。

1)确定基准 *W/B* 比

先用《普通混凝土配合比设计规程》指定的标准原材料设计 38.2 MPa 配制强度的混凝土,该条件下对应的 *W/B* 比为:

$$W/B = \frac{\alpha_a \gamma_f f_{ce}}{f_{cu,0} + \alpha_a \alpha_b \gamma_f f_{ce}} = \frac{0.53 \times 0.80 \times 1.16 \times 42.5}{38.2 + 0.53 \times 0.20 \times 0.80 \times 1.16 \times 42.5} = 0.49$$

Ⅰ级或Ⅱ级粉煤灰单掺 30%时,影响系数为 0.65~0.75;S95 级磨细矿粉单掺30%时,影响系数为0.90~1.00。故由插值法得公式中Ⅰ级或Ⅱ级粉煤灰和S95级磨细矿粉双掺30%时,其影响系数取0.8。

2)使用第1套原材料中矿物掺和料时的 W/B 比

因为第1套原材料中的Ⅱ级粉煤灰和S95级磨细矿粉与《普通混凝土配合比设计规程》中使用的Ⅰ级或Ⅱ级粉煤灰和S95级磨细矿粉品质相差不大,所以采用第1套原材料中Ⅱ级粉煤灰和S95级磨细矿粉设计混凝土配合比时,双掺30%条件下的 W/B 比可以不变,其为:

$$W/B = \frac{\alpha_a \gamma_f f_{ce}}{f_{cu,0} + \alpha_a \alpha_b \gamma_f f_{ce}} = \frac{0.53 \times 0.80 \times 1.16 \times 42.5}{38.2 + 0.53 \times 0.20 \times 0.80 \times 1.16 \times 42.5} = 0.49$$

3)使用第1套原材料中河砂时的 W/B 比

《普通混凝土配合比设计规程》中采用标准原材料确定基准 W/B 比时,是假定砂为无杂质干净的砂。第1套原材料中使用的河砂含有3%的泥和1%的泥块,它们对混凝土强度会有一定不利影响。这就要求采用该砂设计混凝土配合比时,对上述 W/B 比进行一定修正。理论上是应该代入泥和泥块的影响系数对《普通混凝土配合比设计规程》中基准 W/B 比经验公式进行修正。实际上采取影响系数对基准 W/B 比经验公式进行修正的目的是为了降低 W/B 比,以补偿泥和泥块对混凝土强度的影响。所以可以凭经验并依据泥和泥块对混凝土强度影响的判断,对 W/B 比直接进行调整。调整后的实际 W/B 比估计为0.48较适宜。

4)使用第1套原材料中石子时的 W/B 比

《普通混凝土配合比设计规程》中采用标准原材料确定基准 W/B 比时,是假定石为无杂质干净的石子。第1套原材料中使用的石子含有8%的针片状颗粒和0.5%的泥,它们对混凝土强度也会有一定不利影响。这就要求采用该石子设计混凝土配合比时,对上述 W/B 比进行一定修正。理论上是应该代入针片状颗粒和泥的影响系数对《普通混凝土配合比设计规程》中基准 W/B 比经验公式进行修正。实际上采取影响系数对基准 W/B 比经验公式进行修正的目的是为了降低 W/B 比,以补偿针片状颗粒和泥对混凝土强度的影响。所以可以凭经验并依据针片状颗粒和泥对混凝土强度影响的判断,对

W/B 比直接进行调整。调整后的实际W/B比估计为 0.47 较适宜。

5)混凝土含气量 3%时的 W/B 比

《普通混凝土配合比设计规程》中采用标准原材料确定基准 W/B 比时,是假定混凝土含气量约为 1%的情况下进行的。由前面基础知识知道,混凝土含气量每增大 1%,混凝土强度会降低 3.0~5.0 MPa。现将混凝土的含气量设计为 3%,该条件下的 W/B 比就应该比 0.47 要低,否则混凝土强度就不能满足配制强度的设计要求。理论上是应该代入含气量的影响系数对《普通混凝土配合比设计规程》中基准 W/B 比经验公式进行修正。实际上采取影响系数对基准 W/B 比经验公式进行修正的目的是为了降低 W/B 比,以补偿含气量对混凝土强度的影响。所以可以凭经验并依据含气量对混凝土强度影响的判断,对 W/B 比直接进行调整。调整后的实际W/B比估计为 0.45 较适宜。

从上述实际 W/B 比的设计过程中,可以发现一个设计道理:先用《普通混凝土配合比设计规程》中的 W/B 比经验公式确定一个基准 W/B 比。该基准 W/B 比的使用条件是:①原材料质量好,无有害杂质;②混凝土含气量约为 1%。再考虑实际使用的原材料品质特征和混凝土含气量大小对基准 W/B比进行修正。修正 W/B 比的设计思路是用实际使用的原材料去替换标准原材料,每次只替换一种原材料。通过一次一次的替换,最终可以找到与实际使用原材料品质特征和混凝土含气量大小相匹配的实际 W/B 比。

为了对上述 W/B 比的设计过程有一个更好的理解,再用第 2 套原材料对 C30 混凝土进行强度配合比设计。

(1)混凝土配制强度的确定

依据《普通混凝土配合比设计规程》的规定,C30 混凝土配制强度为:

$$f_{cu,0} \geqslant f_{cu,k} + 1.645\sigma = 30 + 1.645 \times 5 = 38.2\ \text{MPa}$$

(2)寻找实际 W/B 比

采用现场第 2 套原材料设计混凝土配合比时,也需要对矿物掺和料掺量和含气量大小 2 个参数先进行设计。考虑到混凝土的性能指标和第 2 套原材料的品质特征,设计Ⅲ级粉煤灰掺量为 13%、S75 级磨细矿粉掺量为

12%、含气量为3%。因为第2套原材料中Ⅲ级粉煤灰细度太粗，S75级磨细矿粉活性指数较低，二者同时使用掺多了会对混凝土强度影响较大；同时Ⅲ级粉煤灰的需水量比较高，S75级磨细矿粉的流动度比较小，二者同时使用掺多了也会影响混凝土的工作性能。混凝土含气量设计为3%时，混凝土成本比较经济。

1）确定基准 W/B 比

先用《普通混凝土配合比设计规程》指定的标准原材料设计38.2 MPa配制强度的混凝土，该条件下对应的 W/B 比为：

$$W/B=\frac{\alpha_a\gamma_f f_{ce}}{f_{cu,0}+\alpha_a\alpha_b\gamma_f f_{ce}}=\frac{0.53\times0.85\times1.16\times42.5}{38.2+0.53\times0.20\times0.85\times1.16\times42.5}=0.52$$

Ⅰ级或Ⅱ级粉煤灰单掺25%时，影响系数为0.75~0.80；S95级磨细矿粉单掺25%时，影响系数为0.92~1.00。故由插值法得公式中Ⅰ级或Ⅱ级粉煤灰和S95级磨细矿粉双掺25%时，其影响系数取0.85。

2）使用第2套原材料中矿物掺和料时的 W/B 比

因为第2套原材料中的Ⅲ级粉煤灰和S75级磨细矿粉与《普通混凝土配合比设计规程》中使用的Ⅰ级或Ⅱ级粉煤灰和S95级磨细矿粉品质相差较大，所以使用第2套原材料中Ⅲ级粉煤灰和S75级磨细矿粉设计混凝土配合比时，应该对基准 W/B 比进行一定修正。理论上是应该代入Ⅲ级粉煤灰和S75级磨细矿粉的影响系数对《普通混凝土配合比设计规程》中基准 W/B 比经验公式进行修正。实际上采取影响系数对基准 W/B 比经验公式进行修正的目的是为了降低 W/B 比，以补偿矿物掺和料品质的变化对混凝土强度的影响。所以可以凭经验并依据矿物掺和料品质的变化对混凝土强度影响的判断，对 W/B 比直接进行调整。调整后的实际 W/B 比估计为0.50较适宜。

3）使用第2套原材料中河砂时的 W/B 比

《普通混凝土配合比设计规程》中采用标准原材料确定基准 W/B 比时，是假定砂为无杂质干净的砂。第2套原材料中使用的河砂含有8%的泥和2%的泥块，它们对混凝土强度会有一定不利影响。这就要求采用该砂设计混凝土配合比时，对上述 W/B 比进行一定修正。理论上是应该代入泥和泥块的影响系数对《普通混凝土配合比设计规程》中基准 W/B 比经验公式进行修正。实际上采取影响系数对基准 W/B 比经验公式进行修正的目的是为了降低 W/B 比,以补偿泥和泥块对混凝土强度的影响。所以可以凭经验并依据泥和泥块对混凝土强度影响的判断,对 W/B 比直接进行调整。调整后的实际 W/B 比估计为 0.45 较适宜。

4)使用第 2 套原材料中石子时的 W/B 比

《普通混凝土配合比设计规程》中采用标准原材料确定基准 W/B 比时,是假定石为无杂质干净的石子。第 2 套原材料中使用的石子含有 15%的针片状颗粒和 1%的泥,它们对混凝土强度也会有一定不利影响。这就要求采用该石子设计混凝土配合比时,对上述 W/B 比进行一定修正。理论上是应该代入针片状颗粒和泥的影响系数对《普通混凝土配合比设计规程》中基准 W/B 比经验公式进行修正。实际上采取影响系数对基准 W/B 比经验公式进行修正的目的是为了降低 W/B 比,以补偿针片状颗粒和泥对混凝土强度的影响。所以可以凭经验并依据针片状颗粒和泥对混凝土强度影响的判断,对 W/B 比直接进行调整。调整后的实际 W/B 比估计为 0.42 较适宜。

5)混凝土含气量 3%时的 W/B 比

《普通混凝土配合比设计规程》中采用标准原材料确定基准 W/B 比时,是假定混凝土含气量约为 1%的情况下进行的。由前面基础知识知道,混凝土含气量每增大 1%,混凝土强度会降低 3.0~5.0 MPa。现将混凝土的含气量设计为 3%,该条件下的 W/B 比就应该比 0.42 要低,否则混凝土强度就不能满足配制强度的设计要求。理论上是应该代入含气量的影响系数对《普通混凝土配合比设计规程》中基准 W/B 比经验公式进行修正。实际上采取影响系数对基准 W/B 比经验公式进行修正的目的是为了降低 W/B 比,以补偿含气量对混凝土强度的影响。所以可以凭经验并依据含气量对混凝土强度影响的判断,对 W/B 比直接进行调整。调整后的实际 W/B 比估计为 0.40 较适宜。

通过使用 2 套原材料进行混凝土强度配合比设计的对比分析,可以确定一种混凝土强度配合比的设计方法:在使用原材料规定的情况下,混凝土强度配合比的设计过程就是寻找对应条件下的实际 *W/B* 比过程。寻找实际 *W/B* 比的具体步骤是:先用《普通混凝土配合比设计规程》中的 *W/B* 比经验公式确定一个基准 *W/B* 比;再根据实际使用原材料的品质特征和混凝土含气量大小对基准 *W/B* 比进行修正。修正 *W/B* 比的设计思路是用实际使用的原材料去替换标准原材料,每次只替换一种原材料。通过一次一次的替换,最终可以找到与实际使用原材料品质特征和混凝土含气量大小相匹配的实际 *W/B* 比。若还有其他影响混凝土强度的因素,如砂为机制砂且含有一定的石粉,凭经验并依据石粉对混凝土强度影响的判断,继续对 *W/B* 比进行直接调整,直到寻找到对应条件下的实际 *W/B* 比为止。还需要强调一点,这里重点解析的是一种混凝土强度配合比设计的方法,至于实际工程中每次针对各个影响因素调整 *W/B* 比大小的幅度完全需要凭借你自己的经验来进行,本书举例仅供参考。

从混凝土强度配合比的设计方法中,还可以明白 2 个道理。①为什么相关标准规定:混凝土强度等级越高,对使用的原材料质量要求相应也越高呢?因为原材料质量越好,对应条件下的 *W/B* 比相应越大,这对混凝土工作性能的配合比设计是有很大益处的。②实际工程中,原材料的质量波动是客观存在的,这就要求我们应随时根据实际情况的变化,对混凝土的实际 *W/B* 比进行相应调整,这是保证混凝土强度质量的有效手段。

第二节　现代混凝土工作性能配合比设计新技术

先用第 1 套原材料,对坍落度 200 mm 的混凝土进行工作性能配合比设计。

(1)确定基准用水量

《普通混凝土配合比设计规程》规定:采用标准原材料,用 5~31.5 mm 碎石配制坍落度 200 mm 的混凝土时需要的单位用水量宜为 235 kg/m^3。

(2)寻找实际用水量

1)使用第 1 套原材料中矿物掺和料时的用水量

因为第 1 套原材料中Ⅱ级粉煤灰和 S95 级磨细矿粉与《普通混凝土配

合比设计规程》中使用的Ⅰ级或Ⅱ级粉煤灰和 S95 级磨细矿粉品质相差不大,所以采用第 1 套原材料中Ⅱ级粉煤灰和 S95 级磨细矿粉设计混凝土配合比时,双掺 30%时的用水量可以不变,其为 235 kg/m^3。

2)使用第 1 套原材料中河砂时的用水量

《普通混凝土配合比设计规程》中采用标准原材料确定基准用水量时,是假定砂为无杂质干净的砂。第 1 套原材料中使用的河砂含有 3%的泥和 1%的泥块,它们对混凝土工作性能会有一定不利影响。这就要求采用该砂设计混凝土配合比时,对上述用水量进行一定修正。理论上是应该代入泥和泥块的影响系数对《普通混凝土配合比设计规程》中基准用水量经验值进行修正。实际上采取影响系数对用水量经验值进行修正的目的是为了调整用水量,以补偿泥和泥块对混凝土工作性能的影响。所以可以凭经验并依据泥和泥块对混凝土工作性能影响的判断,对用水量直接进行调整。调整后的实际用水量估计为 238 kg/m^{3}较适宜。

3)使用第 1 套原材料中石子时的用水量

《普通混凝土配合比设计规程》中采用标准原材料确定基准用水量时,是假定石为级配好、无杂质干净的石子。第 1 套原材料中使用的石子含有 8%的针片状颗粒和 0. 5%的泥,它们对混凝土工作性能也会有一定不利影响。这就要求采用该石子设计混凝土配合比时,对上述用水量进行一定修正。理论上是应该代入针片状颗粒和泥的影响系数对《普通混凝土配合比设计规程》中基准用水量经验值进行修正。实际上采取影响系数对用水量经验值进行修正的目的是为了调整用水量,以补偿针片状颗粒和泥对混凝土工作性能的影响。所以可以凭经验并依据针片状颗粒和泥对混凝土工作性能影响的判断,对用水量直接进行调整。调整后的实际用水量估计为 240 kg/m^{3}较适宜。

4)混凝土含气量 3%时的用水量

《普通混凝土配合比设计规程》中采用标准原材料确定基准用水量时,是假定混凝土含气量约为 1%的情况下进行的。由前面基础知识知道,混凝土含气量增大,混凝土的坍落度值也会相应变大。现将混凝土的含气量设计为 3%，该条件下的用水量就应该比 240 kg/m³要少，否则混凝土的坍落度值会大于 200 mm，且可能出现离析现象。理论上是应该代入含气量的影响系数对《普通混凝土配合比设计规程》中基准用水量经验值进行修正。实际上采取影响系数对用水量经验值进行修正的目的是为了调整用水量，以补偿含气量对混凝土工作性能的影响。所以可以凭经验并依据含气量对混凝土工作性能影响的判断，对用水量直接进行调整。调整后的实际用水量估计为 232 kg/m³较适宜。

5）掺减水剂时的用水量

依据《普通混凝土配合比设计规程》的规定：假定减水剂掺量 1.0%时减水率为 25%，此时的实际用水量可由用水量经验公式计算得：

$$m_{w0} = m'_{w0}(1 - \beta) = 232 \times (1 - 25\%) = 174\ \mathrm{kg/m^3}$$

从上述用水量的设计过程中，可以发现一个设计道理：先用《普通混凝土配合比设计规程》中的用水量经验值确定一个基准用水量。该基准用水量的设计条件是：①原材料质量好，无有害杂质；②混凝土含气量约为 1%；③不掺减水剂。再考虑实际使用原材料的品质特征及混凝土含气量大小对基准用水量进行修正。修正用水量的设计思路是用实际使用的原材料去替换标准原材料，每次只替换一种原材料。通过一次一次的替换，最终可以找到与实际使用的原材料品质特征和混凝土含气量大小相匹配的实际用水量。

为了对上述用水量的设计过程有一个更好的理解，再用第 2 套原材料对坍落度 200 mm 的混凝土进行工作性能配合比设计。

（1）确定基准用水量

《普通混凝土配合比设计规程》规定：采用标准原材料，用 5～31.5 mm 碎石配制坍落度 200 mm 的混凝土时需要的单位用水量宜为 235 kg/m³。

（2）寻找实际用水量

1）使用第 2 套原材料中矿物掺和料时的用水量

因为第 2 套原材料中Ⅲ级粉煤灰和 S75 级磨细矿粉与《普通混凝土配合比设计规程》中使用的Ⅰ级或Ⅱ级粉煤灰和 S95 级磨细矿粉品质相差较

大,所以使用第 2 套原材料中Ⅲ级粉煤灰和 S75 级磨细矿粉设计混凝土配合比时,应该对基准用水量进行修正。理论上是应该代入Ⅲ级粉煤灰和 S75 级磨细矿粉的影响系数对《普通混凝土配合比设计规程》中基准用水量经验值进行修正。实际上采取影响系数对用水量经验值进行修正的目的是为了调整用水量,以补偿矿物掺和料品质的变化对混凝土工作性能的影响。由于Ⅲ级粉煤灰的需水量比为 115%、S75 级磨细矿粉的流动度比为 92%,凭经验并依据矿物掺和料品质的变化对混凝土工作性能影响的判断,对用水量直接进行调整。双掺 25%矿物掺和料时,调整后的实际用水量估计为 239 kg/m^{3}较适宜。

2)使用第 2 套原材料中河砂时的用水量

《普通混凝土配合比设计规程》中采用标准原材料确定基准用水量时,是假定砂为无杂质干净的砂。第 2 套原材料中使用的河砂含有 8%的泥和 2%的泥块,它们对混凝土工作性能会有一定不利影响。这就要求采用该砂设计混凝土配合比时,对上述用水量进行修正。理论上是应该代入泥和泥块的影响系数对《普通混凝土配合比设计规程》中基准用水量经验值进行修正。实际上采取影响系数对用水量经验值进行修正的目的是为了调整用水量,以补偿泥和泥块对混凝土工作性能的影响。所以可以凭经验并依据泥和泥块对混凝土工作性能影响的判断,对用水量直接进行调整。调整后的实际用水量估计为 244 kg/m^{3}较适宜。

3)使用第 2 套原材料中石子时的用水量

《普通混凝土配合比设计规程》中采用标准原材料确定基准用水量时,是假定石为级配好、无杂质干净的石子。第 2 套原材料中使用的石子级配较差、且含有 15%的针片状颗粒和 1%的泥,它们对混凝土工作性能也会有一定不利影响。这就要求采用该石子设计混凝土配合比时,对上述用水量进行修正。理论上是应该代入级配、针片状颗粒和泥的影响系数对《普通混凝土配合比设计规程》中基准用水量经验值进行修正。实际上采取影响系数对用水量经验值进行修正的目的是为了调整用水量,以补偿级配、针片状颗粒和泥对混凝土工作性能的影响。所以可以凭经验并依据级配、针片状颗粒和泥对混凝土工作性能影响的判断,对用水量直接进行调整。调整后的实际用水量估计为 247 kg/m³较适宜。

4)混凝土含气量 3%时的用水量

《普通混凝土配合比设计规程》中采用标准原材料确定基准用水量时,是假定混凝土含气量约为 1%的情况下进行的。由前面基础知识知道,混凝土含气量增大,混凝土的坍落度值也会相应变大。现将混凝土的含气量设计为 3%,该条件下的用水量就应该比 247 kg/m³要少,否则混凝土的坍落度值会大于 200 mm、且可能出现离析现象。理论上是应该代入含气量的影响系数对《普通混凝土配合比设计规程》中基准用水量经验值进行修正。实际上采取影响系数对用水量经验值进行修正的目的是为了调整用水量,以补偿含气量对混凝土工作性能的影响。所以可以凭经验并依据含气量对混凝土工作性能影响的判断,对用水量直接进行调整。调整后的实际用水量估计为 239 kg/m³较适宜。

5)掺减水剂时的用水量

《铁路混凝土工程施工技术指南》(铁建设〔2010〕241 号)规程规定,混凝土的浆体体积应满足表 4-1 的要求。

表 4-1 不同强度等级混凝土的浆体体积限值

混凝土强度等级	浆体体积(m³)
C30~C50(不含 C50)	≤0.32
C50~C60(含 C60)	≤0.35
C60 以上(不含 C60)	≤0.38

注:浆体体积即单位体积混凝土中胶凝材料、水和空气所占的体积。

取 P·O 42.5 水泥的表观密度 3 100 kg/m³,粉煤灰的表观密度 2 200 kg/m³,磨细矿粉的表观密度 2 800 kg/m³。采用第 2 套原材料设计 C30 强度等级混凝土时,由混凝土强度配合比设计确定 W/B 比为 0.40。若混凝土的浆体体积设计为 0.32 m³,其中含气量为 3%,此时的最大用水量应为 156 kg/m³。这就要求所使用减水剂的减水率高于 35%以上才能满足用水量设计要求。

假定减水剂掺量1.5%、减水率为35%时，依据《普通混凝土配合比设计规程》规定：此时的用水量可由用水量经验公式计算得：

$$m_{w0} = m'_{w0}(1 - \beta) = 239 \times (1 - 35\%) = 155 \text{ kg/m}^3$$

通过使用2套原材料进行混凝土工作性能配合比设计的对比分析，可以确定一种混凝土工作性能配合比的设计方法：在使用原材料规定的情况下，混凝土工作性能配合比的设计过程就是寻找对应条件下的实际用水量过程。寻找实际用水量的具体步骤为：先用《普通混凝土配合比设计规程》中的用水量经验值确定一个基准用水量；再根据实际使用原材料的品质特征和混凝土含气量大小对基准用水量进行修正。修正用水量的设计思路是用实际使用的原材料去替换标准原材料，每次只替换一种原材料。通过一次一次的替换，最终可以找到与实际使用的原材料品质特征和混凝土含气量大小相匹配的实际用水量。若还有其他影响混凝土工作性能的因素，如砂为机制砂且含有一定的石粉，凭经验并依据石粉对混凝土工作性能影响的判断，继续对用水量直接进行调整，直到寻找到对应条件下的实际用水量为止。还需要强调一点，这里重点解析的是一种混凝土工作性能配合比设计方法，至于实际工程中每次针对各个影响因素调整用水量大小的幅度完全需要凭借你自己的经验来进行，本书举例仅供参考。

从混凝土工作性能配合比的设计方法中，还可以明白2个道理。①若使用的矿物掺和料、砂石料质量差时，对减水剂的指标要求就会相对更高，否则混凝土的工作性能配合比设计会十分困难或无法进行。②实际工程中，原材料的质量波动是客观存在的，这就要求我们应随时根据实际情况的变化，对混凝土的实际用水量进行相应调整，这是控制混凝土工作性能稳定性的有效技术。

第三节　现代混凝土耐久性能配合比设计新技术

（一）抗渗性配合比设计新技术

混凝土性能指标中涉及到抗渗等级P8的设计要求，因此这里用前面2

套原材料分别来对抗渗等级 P8 进行配合比设计,通过设计过程的分析对混凝土抗渗性配合比设计新技术进行解析。

由基础知识知道,影响混凝土抗渗性的因素有:矿物掺和料的品种及掺量、*W/B* 比、含气量、泥和泥块等有害杂质含量。言外之意是,混凝土的抗渗性是由矿物掺和料的品种及掺量、*W/B* 比、含气量、泥和泥块等有害杂质含量这几个因素合理匹配决定的。因此,抗渗性配合比设计新技术本质上是寻找它们之间的匹配关系。

先用第 1 套原材料进行抗渗等级 P8 的配合比设计。在设计混凝土配合比之前,就针对含泥 3%和泥块 1%的河砂及含针片状颗粒 8%和泥0. 5%的碎石两种品质的原材料,并结合强度指标、工作性能指标、抗渗性指标和抗冻性指标,共同设计了 2 个参数:①矿物掺和料掺30%,其中Ⅱ级粉煤灰和 S95 级磨细矿粉各掺 15%;②混凝土含气量设计为 3%。

基于抗渗性配合比设计的本质是寻找各因素之间匹配关系的设计原理,所以对抗渗等级 P8 的配合比设计过程就演变成了去寻找与含泥 3%和泥块 1%的河砂、含针片状颗粒 8%和泥0. 5%的碎石、矿物掺和料掺量30%及混凝土含气量 3%匹配对应的 *W/B* 比过程。凭经验并依据泥和泥块、针片状颗粒和泥、矿物掺和料品种及掺量和混凝土含气量对混凝土抗渗性影响的判断,对 *W/B* 比直接进行设计。与该条件匹配对应的实际 *W/B* 比估计为 0. 46 较适宜。

为了对抗渗性配合比的设计过程有一个更好的理解,再用第 2 套原材料对抗渗等级 P8 混凝土进行抗渗性配合比设计。

在设计混凝土配合比之前,就针对含泥 8%和泥块 2%的河砂及含针片状颗粒 15%和泥 1%的碎石两种品质的原材料,并结合强度指标、工作性能指标、抗渗性指标和抗冻性指标,共同设计了 2 个参数:①矿物掺和料掺 25%,其中Ⅲ级粉煤灰掺 13%、S75 级磨细矿粉掺 12%;②混凝土含气量设计为 3%。

基于抗渗性配合比设计的本质是寻找各因素之间匹配关系的设计原理,所以对抗渗等级 P8 的配合比设计过程就演变成了去寻找与含泥 8%和泥块 2%的河砂、含针片状颗粒 15%和泥 1%的碎石、Ⅲ级粉煤灰掺 13%、S75

级磨细矿粉掺12%及混凝土含气量3%匹配对应的*W/B*比过程。凭经验并依据泥和泥块、针片状颗粒和泥、矿物掺和料掺量及混凝土含气量对混凝土抗渗性影响的判断,对*W/B*比直接进行设计。与该条件匹配对应的实际*W/B*比估计为0.42较适宜。

通过使用2套原材料进行混凝土抗渗性配合比设计的对比分析,可以确定一种混凝土抗渗性配合比的设计方法:在使用原材料规定的情况下,混凝土抗渗性配合比的设计过程就是寻找对应条件下的实际*W/B*比过程。这个*W/B*比应与影响混凝土抗渗性的各因素相匹配,且只需要满足抗渗等级指标要求就行。还需要强调一点,这里重点解析的是一种混凝土抗渗性配合比的设计方法,至于实际工程中设计与各影响因素相匹配的实际*W/B*比时完全需要凭借你自己的经验来进行,本书举例仅供参考。

从混凝土抗渗性配合比的设计方法中,还可以明白2个道理。①为什么相关标准规定:混凝土抗渗等级越高,对使用的原材料质量要求相应也越高呢?因为原材料质量越好,对应条件下的*W/B*比相应越大,这对混凝土工作性能的配合比设计是有很大益处的。②实际工程中,原材料的质量波动是客观存在的,这就要求我们应随时根据实际情况的变化,对混凝土的实际*W/B*比进行相应调整,这是保证混凝土抗渗性质量的有效技术。

(二)抗冻性配合比设计新技术

混凝土性能指标中涉及到抗冻等级F100的设计要求,因此这里用前面2套原材料分别来对抗冻等级F100进行配合比设计,通过设计过程的分析对抗冻性配合比设计新技术进行解析。

由基础知识知道,影响混凝土抗冻性的因素有:矿物掺和料的品种及掺量、*W/B*比、含气量、泥和泥块等有害杂质含量。言外之意是,混凝土的抗冻性是由矿物掺和料的品种及掺量、*W/B*比、含气量、泥和泥块等有害杂质含量这几个因素合理匹配决定的。因此,抗冻性配合比设计新技术本质上是寻找它们之间的匹配关系。

先用第1套原材料进行抗冻等级F100的配合比设计。在设计混凝土配合比之前,就针对含泥3%和泥块1%的河砂及含针片状颗粒8%和泥

0.5%的碎石两种品质的原材料,并结合强度指标、工作性能指标、抗渗性指标和抗冻性指标,共同设计了2个参数:①矿物掺和料掺30%,其中Ⅱ级粉煤灰和S95级磨细矿粉各掺15%;②混凝土含气量设计为3%。

基于抗冻性配合比设计的本质是寻找各因素之间匹配关系的设计原理,所以对抗冻等级F100的配合比设计过程就演变成了去寻找与含泥3%和泥块1%的河砂、含针片状颗粒8%和泥0.5%的碎石、矿物掺和料掺量30%及混凝土含气量3%匹配对应的 *W/B* 比过程。凭经验并依据泥和泥块、针片状颗粒和泥、矿物掺和料掺量及混凝土含气量对混凝土抗冻性影响的判断,对 *W/B* 比直接进行设计。与该条件匹配对应的实际 *W/B* 比估计为0.44较适宜。

为了对抗冻性配合比的设计过程有一个更好的理解,再用第2套原材料对抗冻等级F100混凝土进行抗渗性配合比设计。

在设计混凝土配合比之前,就针对含泥8%和泥块2%的河砂及含针片状颗粒15%和泥1%的碎石两种品质的原材料,并结合强度指标、工作性能指标、抗渗性指标和抗冻性指标,共同设计了2个参数:①矿物掺和料掺25%,其中Ⅲ级粉煤灰掺13%、S75级磨细矿粉掺12%;②混凝土含气量设计为3%。

基于抗冻性配合比设计的本质是寻找各因素之间匹配关系的设计原理,所以对抗冻等级F100的配合比设计过程就演变成了去寻找与含泥8%和泥块2%的河砂、含针片状颗粒15%和泥1%的碎石、Ⅲ级粉煤灰掺13%、S75级磨细矿粉掺12%及混凝土含气量3%匹配对应的 *W/B* 比过程。凭经验并依据泥和泥块、针片状颗粒和泥、矿物掺和料掺量及混凝土含气量对混凝土抗渗性影响的判断,对 *W/B* 比直接进行设计。与该条件匹配对应的实际 *W/B* 比估计为0.40较适宜。

通过使用2套原材料进行混凝土抗冻性配合比设计的对比分析,可以确定一种混凝土抗冻性配合比的设计方法:在使用原材料规定的情况下,混凝土抗冻性配合比的设计过程就是寻找对应条件下的 *W/B* 比过程。这个 *W/B* 比应与影响混凝土抗冻性的各因素相匹配,且只需要满足抗冻等级指标的要求就行。还需要强调一点,这里重点讲解的是一种混凝土抗冻性配合比的设计方法，至于实际工程中设计与各影响因素相匹配的 W/B 比时完全需要凭借你自己的经验来进行，本书举例仅供参考。

从混凝土抗冻性配合比的设计方法中，还可以明白 2 个道理。①为什么相关标准规定：混凝土抗冻等级越高，对使用的原材料质量要求相应也越高呢？因为原材料质量越好，对应条件下的 W/B 比相应越大，这对混凝土工作性能的配合比设计是有很大益处的。②实际工程中，原材料的质量波动是客观存在的，这就要求我们应随时根据实际情况的变化，对混凝土的实际 W/B 比进行相应调整，这是保证混凝土抗冻性质量的有效技术。

第四节　混凝土配合比的试拌、调整与确定

设计混凝土配合比时，采取的总的设计策略是先对每个性能指标分别进行配合比设计，再对每个性能指标设计确定的参数进行总的配合比设计。若还有其他性能指标要求，如电通量指标要求，在设计完上述 4 个性能指标之后继续对电通量指标单独进行配合比设计。电通量指标的配合比设计思路和方法与抗渗性配合比设计相同，这里不再赘述。如采用第 1 套原材料对混凝土进行配合比设计时，强度指标配合比设计的结果是 W/B 比为 0.45，抗渗性指标配合比设计的结果是 W/B 比为 0.46，抗冻性指标配合比设计的结果是 W/B 比为 0.44。最终的 W/B 比设计多少呢？为保证设计的 W/B 比能同时满足混凝土的强度、抗渗性和抗冻性指标设计要求，将最终 W/B 比设计为 0.44。如采用第 2 套原材料对混凝土进行配合比设计时，强度指标配合比设计的结果是 W/B 比为 0.40，抗渗性指标配合比设计的结果是 W/B 比为 0.42，抗冻性指标配合比设计的结果是 W/B 比为 0.40。为保证设计的 W/B 比能同时满足混凝土的强度、抗渗性和抗冻性指标的设计要求，将最终 W/B 比设计为 0.40。

通过对混凝土 4 个性能指标的配合比设计，只是回答了 4 个参数的取值问题，即矿物掺和料怎么掺？W/B 比设计多大？外加剂怎么用？单位用水量设计多少？这 4 个参数还不能完整地表达一个混凝土配合比，因为砂

石料怎么用这一问题还未解决。这就需要根据《普通混凝土配合比设计规程》的规定并结合自己的经验对合理砂率进行设计。有些技术人员在设计合理砂率时,只是考虑砂率对混凝土工作性能的影响。其实砂石料中还含有一些有害物质,砂率除了对混凝土的工作性能有影响之外,还对混凝土的强度、抗渗性、抗冻性等其他性能指标也有影响,所以合理砂率的设计应该是根据砂石料的品质特征及混凝土的性能指标要求综合来考虑。

用第1套原材料设计混凝土配合比时,结合砂石料的品质和混凝土的性能指标要求,将合理砂率设计为40%较合理。用第2套原材料设计混凝土配合比时,结合砂石料的品质和混凝土的性能指标要求,将合理砂率设计为38%较合理。此时混凝土的配合比设计过程才算基本完成,即设计确定了每套原材料的5个参数。用第1套原材料设计混凝土配合比时,设计确定的5个参数为:矿物掺和料掺30%(其中Ⅱ级粉煤灰掺量为15%、S95级磨细矿粉掺量为15%)、W/B比为0.44、减水剂掺1.0%(减水率为25%)、单位用水量为174 kg/m^3、合理砂率为40%。用第2套原材料设计混凝土配合比时,设计确定的5个参数为:矿物掺和料掺25%(其中Ⅲ级粉煤灰掺量为13%、S75级磨细矿粉掺量为12%)、W/B比为0.40、减水剂掺1.5%(减水率为35%)、单位用水量为155 kg/m^3、合理砂率为38%。

后续配合比的设计环节就进入了试验验证阶段。可采取质量法或体积法将5个参数表示法转换成1 m^{3}混凝土中各项材料的绝对用量表示法。

(一)采用质量法换算

采用第1套原材料设计混凝土配合比时,假定混凝土的表观密度为2 380 kg/m^3,依据《普通混凝土配合比设计规程》中质量法计算的砂用量为724 kg/m^3、石用量为1 087 kg/m^3。同理由《普通混凝土配合比设计规程》中相关公式计算的P·O 42.5水泥用量为277 kg/m^3、Ⅱ级粉煤灰用量为59 kg/m^3、S95级磨细矿粉用量为59 kg/m^3、拌和用水为174 kg/m^3、减水剂掺量为1%。

$$277 + 59 + 59 + m_{g0} + m_{s0} + 174 = 2\,380$$

$$\frac{m_{s0}}{m_{g0} + m_{s0}} \times 100\% = 40\%$$

采用第2套原材料设计混凝土配合比时，假定混凝土的表观密度为2 380 kg/m³，依据《普通混凝土配合比设计规程》中质量法计算的砂用量为698 kg/m³、石用量为1 139 kg/m³。同理由《普通混凝土配合比设计规程》中相关公式计算的P·O 42.5水泥用量为291 kg/m³、Ⅲ级粉煤灰用量为50 kg/m³、S75级磨细矿粉用量为47 kg/m³、拌和用水为155 kg/m³、减水剂掺量为1.5%。

$$291+50+47+m_{g0}+m_{s0}+155=2\ 380$$

$$\frac{m_{s0}}{m_{g0}+m_{s0}}\times 100\%=38\%$$

(二)试拌与调整混凝土配合比

(1)对混凝土配合比设计的用水量进行试拌验证

混凝土配合比设计的用水量准确性判断可通过混凝土试拌测试工作性能来进行。若搅拌20L料时，混凝土的坍落度测试值为180 mm，说明前面设计的用水量不够准确，需要进行一定调整。

调整的本质是对用水量和对应条件进行重新匹配设计。在保持*W/B*比不变的前提下，可以采取增加用水量的方式，或增加外加剂掺量的方式，或同时增加用水量和外加剂掺量的方式来进行。如果混凝土拌和物感觉较黏或较稀，也可以对砂率进行减少或增加来调整，直到找到能满足混凝土工作性能设计要求的准确用水量为止。

混凝土工作性能试拌验证用水量的关键技术环节是必须会"看灰"。从混凝土的流动性、黏聚性和保水性三个方面，对混凝土工作性能状态的好坏进行判断，判断是否能保证现场施工浇筑工艺的顺利实施?

(2)对混凝土配合比设计的*W/B*比进行强度、抗渗性和抗冻性试验验证

通过混凝土工作性能试拌找到准确用水量后，接下来就到了对混凝土强度、抗渗性和抗冻性进行试验验证的环节。混凝土强度、抗渗性和抗冻性试验验证的目的是对设计的*W/B*比进行准确性判断。

为保证设计的混凝土强度合理，规程规定应采用3个不同的*W/B*比进行混凝土强度验证。其中1个*W/B*比是先前设计假定的，另外2个*W/B*

比宜较假定的 W/B 比分别增加和减少 0.05。由于 W/B 比不同，混凝土的工作性能可能会有所改变。保持用水量固定不变，同时保证混凝土的工作性能不变，可通过砂率分别增加和降低 1%的方式来调整。

依据前面 3 个不同 W/B 比确定的混凝土强度试验结果，绘制强度与胶水比的线性关系图，用插值法确定略大于配制强度对应的 W/B 比。

经混凝土强度验证确定 W/B 比后，最后依据《普通混凝土长期性能和耐久性能试验方法标准》中的试验方法对该 W/B 比进行混凝土抗渗性和抗冻性试验验证。

(三)确定混凝土配合比

依据混凝土强度、抗渗性和抗冻性试验验证确定的 W/B 比，同时在试拌混凝土的基础上，对用水量和外加剂掺量进行相应调整，从而确定最终的用水量和外加剂掺量。这样就确定了最终的 5 个参数设计值，完成了混凝土配合比设计工作。

在混凝土配合比设计过程中，想法或经验自始至终都应该是首要的。只有想法正确，配合比设计工作才会简单明了。同时在试拌混凝土过程中，还应具备对混凝土工作性能状态好坏进行判断的能力。只有具备了这两种能力，混凝土的配合比设计工作才能顺利进行。因此，在设计混凝土配合比时，遵循的是一想(想 5 个参数如何取值)、二看(看试拌后混凝土状态的好坏)、三确定(确定 5 个参数的最佳值)的设计原则。

第五节 关于现代混凝土配合比设计书的探讨

混凝土配合比设计书包括的内容有：设计依据、使用的原材料、计算过程、试拌过程、试验结果记录、3 个有害物质含量计算(氯离子含量、碱含量、三氧化硫含量)及施工配合比计算等。下面就其中的计算过程、试拌过程、3 个有害物质含量计算及施工配合比计算四个问题进行详细探讨。

(一)关于配合比设计计算过程的探讨

混凝土配合比设计的计算过程本应该是实际怎么计算就该怎么编写，

但质监部门中有些技术人员由于对《普通混凝土配合比设计规程》存在局限性认识,错误将配合比计算书标准化了。这对指导实际工程中混凝土的配合比设计是有一定误导作用的,现举例说明。

如采用第1套原材料,对C30混凝土进行强度配合比设计的计算过程应该是:

(1)混凝土配制强度的确定

依据《普通混凝土配合比设计规程》的规定,C30混凝土配制强度为:

$$f_{cu,0} \geqslant f_{cu,k} + 1.645\sigma = 30 + 1.645 \times 5 = 38.2\ \text{MPa}$$

(2)寻找实际 W/B 比

依据混凝土的性能指标设计要求和第1套原材料的品质特征,设计Ⅱ级粉煤灰掺量为15%、S95级磨细矿粉掺量为15%、含气量为3%。

1)确定基准 W/B 比

由《普通混凝土配合比设计规程》指定标准原材料设计38.2 MPa配制强度混凝土时对应的 W/B 比为:

$$W/B = \frac{\alpha_a \gamma_f f_{ce}}{f_{cu,0} + \alpha_a \alpha_b \gamma_f f_{ce}} = \frac{0.53 \times 0.80 \times 1.16 \times 42.5}{38.2 + 0.53 \times 0.20 \times 0.80 \times 1.16 \times 42.5} = 0.49$$

Ⅰ级或Ⅱ级粉煤灰单掺30%时,影响系数为0.65~0.75;S95级磨细矿粉单掺30%时,影响系数为0.90~1.00。故由插值法得公式中Ⅰ级或Ⅱ级粉煤灰和S95级磨细矿粉双掺30%时,其影响系数取0.8。

2)使用第1套原材料中矿物掺和料时的 W/B 比

因为第1套原材料中的Ⅱ级粉煤灰和S95级磨细矿粉与《普通混凝土配合比设计规程》中使用的Ⅰ级或Ⅱ级粉煤灰和S95级磨细矿粉品质相差不大,所以采用第1套原材料中Ⅱ级粉煤灰和S95级磨细矿粉设计混凝土配合比时,双掺30%条件下的 W/B 比可以不变,其为:

$$W/B = \frac{\alpha_a \gamma_f f_{ce}}{f_{cu,0} + \alpha_a \alpha_b \gamma_f f_{ce}} = \frac{0.53 \times 0.80 \times 1.16 \times 42.5}{38.2 + 0.53 \times 0.20 \times 0.80 \times 1.16 \times 42.5} = 0.49$$

3)使用第1套原材料中河砂时的 W/B 比

《普通混凝土配合比设计规程》中采用标准原材料确定基准 W/B 比

时,是假定砂为无杂质干净的砂。第1套原材料中使用的河砂含有3%的泥和1%的泥块,它们对混凝土强度会有一定不利影响。因此凭经验对泥和泥块含量影响混凝土强度的判断,对 *W/B* 比进行一定调整。调整后的实际 *W/B* 比估计为0.48较适宜。

4)使用第1套原材料中石子时的 *W/B* 比

《普通混凝土配合比设计规程》中采用标准原材料确定基准 *W/B* 比时,是假定石为无杂质干净的石子。第1套原材料中使用的石子含有8%的针片状颗粒和0.5%的泥,它们对混凝土强度也是有一定不利影响。因此凭经验对针片状颗粒和泥含量影响混凝土强度的判断,对 *W/B* 比进行一定调整。调整后的实际 *W/B* 比估计为0.47较适宜。

5)混凝土含气量3%时的 *W/B* 比

《普通混凝土配合比设计规程》中采用标准原材料确定基准 *W/B* 比时,是假定混凝土含气量约为1%的情况下进行的。因为混凝土含气量每增大1%,混凝土强度会降低3.0~5.0 MPa。现将混凝土的含气量设计为3%,该条件下的 *W/B* 比就应该比0.47要低,否则混凝土强度就不能满足配制强度的设计要求。因此凭经验对含气量影响混凝土强度的判断,对 *W/B* 比进行一定调整。调整后的实际 *W/B* 比估计为0.45较适宜。

从上述 *W/B* 比的计算过程中看出,最终计算得到的 *W/B* 比应该是对所有影响混凝土强度的因素进行修正后的实际 *W/B* 比,这样假定的 *W/B* 比较接近真实值。本应该用这个假定的0.45的 *W/B* 比去进行混凝土强度验证试验,但质监部门中一些人认为上述计算过程不符合《普通混凝土配合比设计规程》的规定,不予认可。结果却要使用规程中确定的0.49的基准 *W/B* 比进行强度验证试拌,这种做法就很不科学,也不符合实际情况。

再采用第1套原材料,对坍落度200 mm的混凝土工作性能进行配合比设计计算。

(1)确定基准用水量

《普通混凝土配合比设计规程》规定:采用标准原材料,用5~31.5 mm碎石配制坍落度200 mm的混凝土时需要的基准单位用水量宜为

235 kg/m^3。

(2)寻找实际用水量

1)使用第1套原材料中矿物掺和料时的用水量

因为第1套原材料中Ⅱ级粉煤灰和S95级磨细矿粉与《普通混凝土配合比设计规程》中使用的Ⅰ级或Ⅱ级粉煤灰和S95级磨细矿粉品质相差不大,所以采用第1套原材料中Ⅱ级粉煤灰和S95级磨细矿粉设计混凝土配合比时,双掺30%时的用水量可以不变,其为235 kg/m^3。

2)使用第1套原材料中河砂时的用水量

《普通混凝土配合比设计规程》中采用标准原材料确定基准用水量时,是假定砂为无杂质干净的砂。第1套原材料中使用的河砂含有3%的泥和1%的泥块,它们对混凝土工作性能会有一定不利影响。因此凭经验对泥和泥块含量影响混凝土工作性能的判断,对用水量进行一定调整。调整后的实际用水量估计为238 kg/m^{3}较适宜。

3)使用第1套原材料中石子时的用水量

《普通混凝土配合比设计规程》中采用标准原材料确定基准用水量时,是假定石为级配好、无杂质干净的石子。第1套原材料中使用的石子含有8%的针片状颗粒和0.5%的泥,它们对混凝土工作性能也会有一定不利影响。因此凭经验对针片状颗粒和泥含量影响混凝土工作性能进行判断,对用水量进行一定调整。调整后的实际用水量估计为240 kg/m^{3}较适宜。

4)混凝土含气量3%时的用水量

《普通混凝土配合比设计规程》中采用标准原材料确定基准用水量时,是假定混凝土含气量约为1%的情况下进行的。因为混凝土含气量增大,混凝土的坍落度值也会相应变大。现将混凝土的含气量设计为3%,该条件下的用水量就应该比240 kg/m^{3}要少,否则混凝土的坍落度值会大于200 mm、且可能出现离析现象。因此凭经验对含气量影响混凝土工作性能的判断,对用水量进行一定调整。调整后的实际用水量估计为232 kg/m^{3}较适宜。

5)掺减水剂时的用水量

依据《普通混凝土配合比设计规程》的规定:假定减水剂掺量1.0%、减水率为25%,此时的用水量可由用水量经验公式计算得:

$$m_{w0} = m'_{w0}(1 - \beta) = 232 \times (1 - 25\%) = 174\ \mathrm{kg/m^3}$$

从上述实际用水量的计算过程中看出,最终计算得到的用水量应该是对所有影响混凝土工作性能的因素进行修正后的实际用水量,这样假定的用水量较接近真实值。本应该用这个假定的用水量去进行混凝土工作性能的试拌试验,但质监部门中一些人认为上述计算过程不符合《普通混凝土配合比设计规程》的规定,不予认可。结果却要使用规程中基准用水量×(1-25%)=176 kg/m^{3}的用水量进行工作性能验证试拌,这种做法也很不科学。

混凝土耐久性指标有关 W/B 比的设计计算在《普通混凝土配合比设计规程》中未进行相关规定,因此其计算完全可以根据实际情况凭经验来进行。

(二)关于混凝土试拌过程的探讨

混凝土试拌环节是对设计得到的混凝土进行工作性能、强度和耐久性指标3项性能的试验验证。从整个试拌验证过程可以看出:无论前面计算环节中单位用水量是怎么计算的,最终用水量的确定还是需要凭借自己的经验对其进行一定的调整来完成。前面设计计算用水量时,如果对影响用水量的因素考虑的越全面,试拌时用水量的调整幅度就越小,也越容易找到与实际条件相符的真实用水量。反之,混凝土的试拌工作将异常繁重。对于一个混凝土配合比设计经验丰富的技术人员而言,可通过2盘料的试拌就能找到实际的用水量,但对于一个缺少实际经验的技术人员来说有可能需要10多盘才能完成。试拌环节同时也说明了在前面设计计算用水量时怎么计算并不重要,设计计算过程中的经验才是最重要的。

同理,前面设计计算 W/B 比时,如果对影响 W/B 比的因素考虑的越全面,试拌时 W/B 比的调整幅度就越小,也越容易找到与实际条件相符的真实 W/B 比。反之,混凝土的强度试验验证工作将异常繁重。对于一个混凝土配合比设计经验丰富的技术人员而言,可能通过1盘料的验证就能找到实际的 W/B 比,但对于一个缺少实际经验的技术人员来说有可能需要很多盘才能完成。强度试验验证环节同时也说明了在前面设计计算 W/B 比时怎么计算并不重要,设计计算过程中的经验才是最重要的。

对混凝土耐久性指标的试验验证同样表明了一个设计道理,对耐久性指标设计计算 W/B 比时怎么计算并不重要,设计计算时的经验才是最重要的。

(三)关于混凝土中3个有害物质含量计算的探讨

先看《混凝土结构耐久性设计规范》GB/T 50476 中是如何对这3个有害物质含量(氯离子含量、碱含量和三氧化硫含量)进行规定的。

《混凝土结构耐久性设计规范》GB/T 50476 规定配筋混凝土中的氯离子的最大含量(用单位体积混凝土中氯离子与胶凝材料的质量比表示)不应超过表4-2的规定。

表4-2 混凝土中氯离子的最大含量(水溶值)

环境作用等级	构件类型	
	钢筋混凝土	预应力混凝土
Ⅰ-A	0.3%	0.06%
Ⅰ-B	0.2%	
Ⅰ-C	0.15%	
Ⅲ-C、Ⅲ-D、Ⅲ-E、Ⅲ-F	0.1%	
Ⅳ-C、Ⅳ-D、Ⅳ-E	0.1%	
Ⅴ-C、Ⅴ-D、Ⅴ-E	0.15%	

注:1)对重要桥梁等基础设施,各种环境下氯离子含量均不应超过0.08%;

2)Ⅰ表示一般环境,Ⅱ表示冻融环境,Ⅲ表示海洋氯化物环境,Ⅳ表示除冰盐等其他氯化物环境,Ⅴ表示化学腐蚀环境;

3)A表示环境作用等级轻微,B表示环境作用等级轻度,C表示环境作用等级中度,D表示环境作用等级严重,E表示环境作用等级非常严重,F表示环境作用等级极端严重。

《混凝土结构耐久性设计规范》GB/T 50476 规定单位体积混凝土中的碱含量(水溶碱,等效 Na_2O 当量)应满足以下要求:

①对骨料无活性且处于干燥环境条件下的混凝土结构构件，碱含量不应超过3.5 kg/m^3。当设计使用年限为100年时，混凝土的碱含量不应超过3.0 kg/m^3。

②对骨料无活性但处于潮湿环境（相对湿度≥75%）条件下的混凝土结构构件，碱含量不应超过3.0 kg/m^3。

③对骨料有活性且处于潮湿环境（相对湿度≥75%）条件下的混凝土结构构件，碱含量不应超过3.0 kg/m^3，同时还应使用矿物掺和料对其进行有效抑制。

《混凝土结构耐久性设计规范》GB/T 50476规定单位体积混凝土中的三氧化硫最大含量不应超过胶凝材料总量的4.0%。

有关混凝土中氯离子含量、碱含量和三氧化硫含量的计算，一些技术人员尚不明确，这里对其进行举例说明。

若确定的混凝土理论配合比为：P·O 42.5水泥用量为277 kg/m^3、Ⅱ级粉煤灰用量为59 kg/m^3、S95级磨细矿粉用量为59 kg/m^3、砂用量为724 kg/m^3、石用量为1 087 kg/m^3、拌和用水为174 kg/m^3、减水剂掺量为1%。其中，原材料中P·O 42.5水泥的氯离子含量为0.02%、碱含量为0.6%、三氧化硫含量为3.0%；Ⅱ级粉煤灰的氯离子含量为0.01%、碱含量为1.0%、三氧化硫含量为2.0%；S95级磨细矿粉的氯离子含量为0.012%、碱含量为0.85%、三氧化硫含量为1.0%；砂的氯离子含量为0.001%、硫化物及硫酸盐含量为0.2%；石子的氯离子含量为0.001%、硫化物及硫酸盐含量为0.2%；减水剂的氯离子含量为0.2%、碱含量为4.0%、三氧化硫含量为1.0%；拌和用水的氯化物含量为32.15 mg/L、碱含量为60.12 mg/L、硫酸盐含量为20 mg/L。

（1）1 m^{3}混凝土中氯离子含量的计算

①1 m^{3}混凝土中氯离子含量绝对值的计算

1 m^{3}混凝土中氯离子含量绝对值的计算是以各项原材料引入的氯离子含量绝对值相加计算所得，即：

1 m^{3}混凝土中氯离子含量绝对值

$=277\times0.02\%+59\times0.01\%+59\times0.012\%+724\times0.001\%+1\ 087\times0.001\%+174\times0.000\ 321\ 5\%+(277+59+59)\times1\%\times0.2\%=0.095$ kg

②1 m^3混凝土中氯离子含量相对值的计算

1 m^3混凝土中氯离子含量相对值的计算是以各项原材料引入的氯离子含量绝对值除以胶凝材料用量计算所得，即：

1 m^3混凝土中氯离子含量相对值 $=0.095/(277+59+59)\times100\%=0.024\%$

(2)1 m^3混凝土中碱含量的计算

1 m^3混凝土中碱含量的计算是以除砂石料之外的各项原材料引入的碱含量绝对值相加计算所得。其中粉煤灰引入的水溶碱取其总碱的1/6代入计算，磨细矿粉或硅灰引入的水溶碱取其总碱的1/2代入计算。

1 m^3混凝土中碱含量

$=277\times0.6\%+59\times1.0\%\times1/6+59\times0.85\%\times1/2+174\times0.000\ 601\ 2\%+(277+59+59)\times1\%\times4.0\%=2.17$ kg

(3)1 m^3混凝土中三氧化硫含量的计算

①1 m^3混凝土中三氧化硫含量绝对值的计算

1 m^3混凝土中三氧化硫含量绝对值的计算是以各项原材料引入的三氧化硫含量绝对值相加计算所得，即：

1 m^3混凝土中三氧化硫含量绝对值

$=277\times3.0\%+59\times2.0\%+59\times1.0\%+724\times0.2\%+1\ 087\times0.2\%+174\times0.000\ 2\%+(277+59+59)\times1\%\times1.0\%=13.74$ kg

②1 m^3混凝土中三氧化硫含量相对值的计算

1 m^3混凝土中三氧化硫含量相对值的计算是以各项原材料引入的三氧化硫含量绝对值除以胶凝材料用量计算所得，即：

1 m^3混凝土中三氧化硫含量相对值 $=13.74/(277+59+59)\times100\%=3.5\%$

(四)关于混凝土施工配合比计算的探讨

混凝土配合比设计应采用工程实际使用的原材料来进行。试验配合比设计时是假定所有的原材料为干料,即细骨料含水率应小于0.5%,粗骨料含水率应小于0.2%。工程实际中使用的砂石料均含有一定量的水分,这就要求在实际施工中应根据砂石料实测的含水率将试验配合比换算成施工配合比后方能使用。

砂的含水率测试方法为:由样品中取重约500 g的试样两份,分别放入已知重量的干燥容器(m_1)中称重,记下每盘试样与容器的总重(m_2)。将容器连同试样放入温度为(105±5)℃的烘箱中烘干至恒重,称量烘干后试样与容器的总重(m_3)。

砂的含水率ω_{wc}应按式(4-1)计算(精确至0.1%),以两次试验结果的算术平均值作为测定值。

$$\omega_{wc} = \frac{m_2 - m_3}{m_3 - m_1} \times 100\% \tag{4-1}$$

式中 ω_{wc}——砂的含水率,%;

m_1——容器的质量,g;

m_2——烘干前试样和容器的总质量,g;

m_3——烘干后试样和容器的总质量,g。

碎石或卵石的含水率测试方法为:由样品中取重约等于表4-3所要求的试样两份,分别放入已知重量的干燥容器(m_1)中称重,记下每盘试样与容器的总重(m_2)。将容器连同试样放入温度为(105±5)℃的烘箱中烘干至恒重,称量烘干后试样与容器的总重(m_3)。

碎石或卵石的含水率ω_{wc}应按式(4-2)计算(精确至0.1%),以两次试验结果的算术平均值作为测定值。

$$\omega_{wc} = \frac{m_2 - m_3}{m_3 - m_1} \times 100\% \tag{4-2}$$

式中 ω_{wc}——碎石或卵石的含水率,%;

m_1——容器的质量,g;

m_2——烘干前试样和容器的总质量,g;

m_3——烘干后试样和容器的总质量,g。

表 4-3　碎石或卵石含水率试验所需各粒径试样量

石子粒径(mm)	4.75~9.50	4.75~19.0	4.75~37.5	4.75~63.5
试样量(g)	500	1 000	1 500	3 000

从上述砂石料含水率的计算公式中看出,计算砂石料含水率时应该以含水量与干料之比来表示,结果有些人却采用含水量与湿料之比来计算,致使施工配合比计算不当。这样的失误在实际工作中是应该尽量避免的。

第六节　现代混凝土配合比设计案例分析

前面对混凝土的强度、工作性能及相关耐久性能的配合比设计方法进行了解析。其实,在实际配合比设计过程中,设计方法固然很重要,但设计经验也是不可或缺的。下面通过两个实际工程用混凝土配合比设计为例,进一步加深对混凝土配合比设计新技术的理解。

例 4-1:某搅拌站设计使用的混凝土性能指标为:强度等级 C10~C50、坍落度 180~220 mm。采用的原材料为:P·O 42.5 水泥、Ⅱ级粉煤灰(需水量比为 101%、细度为 5%)、河砂为中砂(含泥量 1.0%、0.315 mm 粒径以下细颗粒几乎没有)、4.75~32.5 mm 碎石(级配合理、针片状含量 4.0%、含泥量 0.5%)、减水剂掺 2.5%时减水率为 20%、干净地下水。

由于实际使用的砂子中缺少 0.315 mm 粒径以下的细颗粒,搅拌站用自己原来设计的混凝土配合比生产时,混凝土表现出离析、黏聚性差的缺陷。为了改善混凝土的包裹性和黏聚性,混凝土的砂率必须设计到 80%以上才行。采用高砂率虽然可以设计出混凝土的强度和工作性能,但可导致混凝土的弹性模量降低,会使混凝土结构的稳定性降低。

为此,作者应用混凝土配合比设计的新技术,对该搅拌站混凝土的配合比进行了设计优化。优化后的混凝土配合比见表 4-4。

现对混凝土配合比设计的优化思路进行分析。针对强度等级 C10、坍落度 180~220 mm 性能指标的混凝土,依据《普通混凝土配合比设计规程》

的规定，设计确定的混凝土配制强度为：

表 4-4 优化后的混凝土配合比（kg/m³）

强度等级＼名称	C	F	S	G	W	外加剂	F	W/B	砂率	容重
C10	139	139	901	901	235	—	50%	0.85	50%	2 330
C15	166	140	890	889	225	—	46%	0.74	50%	2 330
C20	210	140	877	876	212	—	40%	0.61	50%	2 330
C25	244	120	888	888	200	3	33%	0.55	50%	2 340
C30	262	123	878	952	185	7	32%	0.48	48%	2 400
C35	280	120	874	946	180	10	30%	0.45	48%	2 400
C40	315	135	796	974	180	10	30%	0.40	45%	2 400
C45	340	146	754	1 000	170	11	30%	0.35	42%	2 410
C50	350	150	752	1 038	160	15.5	30%	0.32	42%	2 450

$$f_{cu,0} \geqslant f_{cu,k} + 1.645\sigma = 10 + 1.645 \times 4.0 = 16.6\ \text{MPa}$$

假如将混凝土设计成纯水泥的混凝土，即粉煤灰掺量为0%，该条件下对应的 W/B 比为：

$$W/B = \frac{\alpha_a f_{ce}}{f_{cu,0} + \alpha_a \alpha_b f_{ce}} = \frac{0.53 \times 1.16 \times 42.5}{16.6 + 0.53 \times 0.20 \times 1.16 \times 42.5} = 1.20$$

假如将混凝土设计成掺40%Ⅱ级粉煤灰的混凝土，该条件下对应的 W/B 比为：

$$W/B = \frac{\alpha_a \gamma_f f_{ce}}{f_{cu,0} + \alpha_a \alpha_b \gamma_f f_{ce}} = \frac{0.53 \times 0.65 \times 1.16 \times 42.5}{16.6 + 0.53 \times 0.20 \times 0.65 \times 1.16 \times 42.5} = 0.85$$

从上面寻找 W/B 比的过程中可以知道，当将混凝土设计成掺50%Ⅱ级粉煤灰的混凝土时，该条件下对应的 W/B 比应该比0.85要小。考虑到现场实际使用的原材料中几乎不含有害杂质，且C10混凝土在实际施工中强度富余系数一般都较高，故将掺50%Ⅱ级粉煤灰混凝土的 W/B 比设计为0.85。这样就完成了混凝土强度的配合比设计工作。

对混凝土进行坍落度180~220 mm工作性能的配合比设计时，由《普通混凝土配合比设计规程》中给定的用水量经验值和现场实际使用原材料的品质特征将用水量设计为 235 kg/m^3。搅拌站自己配合比设计时,掺入了减水剂,将混凝土的单位用水量设计成 210 kg/m^3,结果是混凝土的包裹性差且易离散。由混凝土工作性能配合比设计的基础知识知道,混凝土工作性能的好坏本质上是由混凝土中砂石料颗粒表层包裹的浆体层厚薄决定的。因此,可以总结出这样一条经验:对于 C10～C50 强度等级的混凝土而言,只要将混凝土中浆体的体积设计成一样多,混凝土的坍落度就应该是一致的。为什么 C30 强度等级的混凝土在实际施工中易表现出很好的流动性和包裹性,而 C10 强度等级的混凝土却容易出现离析且浆体裹不住石子呢?原因是它们中的浆体体积相差较大造成的。依据此经验,并考虑到实际使用砂子中缺少 0. 315 mm 以下的细颗粒,认为将混凝土配合比设计成不掺外加剂且单位用水量为 235 kg/m^3更为合理。这样就完成了混凝土工作性能的配合比设计工作。

考虑到一方面实际使用砂子中缺少 0. 315 mm 以下的细颗粒,另一方面混凝土中浆体的体积又较多,故认为将混凝土的砂率设计成 50%会比较合理。

至此,就完成了 C10 强度等级混凝土的配合比设计工作,得到了混凝土的 5 个参数:粉煤灰掺量为 50%、W/B 比为 0. 85、外加剂掺量为 0%、单位用水量为 235 kg/m^3、砂率为 50%。如采用质量法并假定混凝土的容重为 2 330 kg/m^3,这样就得到了 1 m^3混凝土中各项材料的实际用量:水泥为 139 kg/m^3、粉煤灰为 139 kg/m^3、砂为 901 kg/m^3、石子为 901 kg/m^3、水为 235 kg/m^3、外加剂为 0 kg/m^3。

以强度等级 C10、坍落度 180～220 mm 的混凝土配合比设计为基础,开展强度等级 C15、坍落度 180～220 mm 的混凝土配合比设计工作就变得相对简单。设计思路为:将强度等级 C10 配合比设计中的粉煤灰掺量由50%调整成46%,同时 W/B 比由 0. 85 调整成 0. 74,如此调整能使混凝土的强度相应提高,C10 强度等级就转换成了 C15 强度等级;由于 C15 强度等级混凝土的 W/B 比要比 C10 强度等级混凝土的 W/B 比小,故在设计强度等级 C15 混凝土的工作性能时可将单位用水量由强度等级 C10 混凝土的

235 kg/m^3 调整为 225 kg/m^3。进行用水量的调整并结合 *W/B* 比的变化，可保证 C10 和 C15 两种强度等级混凝土中浆体体积大致不变，这样就能保证它们的工作性能接近一致；砂率还是设计成 50%较为合理。至此，就完成了 C15 强度等级混凝土的配合比设计工作，得到了混凝土的 5 个参数：粉煤灰掺量为 46%、*W/B* 比为 0.74、外加剂掺量为 0%、单位用水量为 225 kg/m^3、砂率为 50%。如采用质量法并假定混凝土的容重为 2330 kg/m^3，这样就得到了 1 m^{3}混凝土中各项材料的实际用量：水泥为 166 kg/m^3、粉煤灰为 140 kg/m^3、砂为 890 kg/m^3、石子为 889 kg/m^3、水为 225 kg/m^3、外加剂为 0 kg/m^3。

依次类推，可将强度等级 C15 的混凝土配合比转换成强度等级 C20 的混凝土配合比，强度等级 C20 的混凝土配合比又可转换成强度等级 C25 的混凝土配合比等等。其他具体设计推导结果见表 4-4。

这样就完成了 C10～C50 强度等级混凝土配合比的初步设计，接下来就进入了试验验证阶段。试验验证时，先对每个混凝土的工作性能进行验证，不能满足要求可通过调整用水量或外加剂掺量的方式来重新设计。当混凝土的工作性能验证通过后再成型试件进行强度验证。表 4-5 是试拌每 1 盘得到的试验结果。从表 4-5 中试验结果可以看出，所有混凝土的工作性能只通过各 1 盘的试拌就几乎验证通过，只是强度等级 C20 混凝土的工作性能稍差一点，可通过其用水量由 212 kg/m^3 调整成 215 kg/m^3 来解决。混凝土强度的验证结果表明，所有混凝土的强度也只通过各 1 盘的试拌就几乎验证通过，只是强度等级 C15 和 C25 混凝土的强度稍差一点，可通过对其 *W/B* 比进行微调整的方式来解决。

表 4-5 优化后混凝土性能指标的实测值

名称 强度等级	坍落度 (mm)	3 d 强度 (MPa)	7 d 强度 (MPa)	28 d 强度 (MPa)
C10	195	9.6	—	17.6
C15	190	12.6	—	20.9
C20	170	17.2	—	30.7

续上表

名称 强度等级	坍落度 (mm)	3 d强度 (MPa)	7 d强度 (MPa)	28 d强度 (MPa)
C25	205	13.4	—	32.0
C30	200	18.2	—	39.3
C35	210	20.7	—	43.3
C40	205	27.8	38.9	56.2
C45	195	30.8	46.3	65.3
C50	190	36.3	46.8	63.0

下面,再列举一工程实例,对混凝土配合比设计新技术的应用进行讲解。

例4-2:某工地现浇梁设计用混凝土性能指标为:强度等级C60、坍落度180~220 mm。采用的原材料为:P·O 52.5水泥、Ⅱ级粉煤灰(需水量比为98%、细度为5%)、S95级磨细矿粉(流动度比为99%、28 d活性指数为98%)、河砂为中砂(含泥量1.0%、泥块含量0.5%)、4.75~25 mm碎石(级配合理、针片状含量3.0%、含泥量0.4%)、聚羧酸型高性能减水剂、干净地下水。

现浇梁为简支T梁,采用泵送施工工艺,泵送高度为180 m。现场施工图片如图4-1所示。

实际施工中遇到的问题是,混凝土泵送容易堵管,泵送困难。为了解决这一问题,对混凝土配合比进行了设计优化。优化前后混凝土的配合比见表4-6。优化前混凝土的坍落度为230 mm,扩展度为600 mm,混凝土显得有点黏稠。优化后混凝土的坍落度为235 mm,扩展度为660 mm,混凝土的黏聚性有很大改善。

对0.29的低W/B比混凝土而言,用水量的正确选用显得尤为重要。这时的混凝土用水量每增加几千克,混凝土的黏聚性都会得到极大的改善。因此,在保持W/B比不变的情况下,凭经验将混凝土的用水量由155 kg/m^{3}调整成160 kg/m^3。优化前后混凝土的坍落度几乎不变,但黏聚

图 4-1 现浇梁 0#块现场施工图片

性却得到了很大的改善。通过这一优化技术,解决了现场泵送施工堵管的问题。

表 4-6 优化前后两个混凝土的配合比对比(kg/m³)

混凝土	水泥	粉煤灰	矿粉	砂	石子	水	外加剂
优化前	379	97	58	694	1 041	155	1.1%
优化后	390	100	60	684	1 030	160	0.9%

通过上述两个现代混凝土配合比设计的案例分析,可以明白一个道理:在实际配合比设计的过程中,设计方法一定要正确,同时还应该借鉴他人或使用自己的经验。只有将这两方面技术完美结合,才可能设计出最佳的混凝土配合比。这就是现代混凝土配合比设计新技术的真正含义。

第七节　现代混凝土配合比设计的体会

现以自密实混凝土的配合比设计为例，谈谈作者对现代混凝土配合比设计的一点体会。《自密实混凝土应用技术规程》中对其所使用的原材料、混凝土的性能指标和混凝土的配合比设计分别进行了如下要求。

一、自密实混凝土所用原材料的要求

(1)胶凝材料

1)配制自密实混凝土宜采用硅酸盐水泥或普通硅酸盐水泥，并应符合现行国家标准《通用硅酸盐水泥》GB 175 的规定。当采用其他品种水泥时，其性能指标应符合国家现行相关标准的规定。

2)配制自密实混凝土可采用粉煤灰、粒化高炉矿渣粉、硅灰等矿物掺和料，且粉煤灰应符合国家现行标准《用于水泥和混凝土中的粉煤灰》GB/T 1596 的规定，粒化高炉矿渣粉应符合现行国家标准《用于水泥和混凝土中的粒化高炉矿渣粉》GB/T 18046 的规定，硅灰应符合现行国家标准《高强高性能混凝土用矿物外加剂》GB/T 18736 的规定。当采用其他矿物掺和料时，应通过充分试验进行验证，确定混凝土性能满足工程应用要求后再使用。

(2)骨料

1)粗骨料宜采用连续级配或 2 个及以上单粒径级配搭配使用，最大公称粒径不宜大于 20 mm；对于结构紧密的竖向构件、复杂形状的结构以及有特殊要求的工程，粗骨料的最大公称粒径不宜大于 16 mm。粗骨料的针片状颗粒含量、含泥量及泥块含量，应符合表 4-7 的规定，其他性能及试验方法应符合现行行业标准《普通混凝土用砂、石质量及检验方法标准》JGJ 52 的规定。

2)轻粗骨料宜采用连续级配，性能指标应符合表 4-8 的规定，其他性能及试验方法应符合国家现行标准《轻集料及其试验方法 第 1 部分：轻集料》

GB/T 17431.1 和《轻骨料混凝土技术规程》JGJ 51 的规定。

表 4-7 粗骨料的针片状颗粒含量、含泥量及泥块含量

项目	针片状颗粒含量	含泥量	泥块含量
指标	≤8%	≤1.0%	≤0.5%

表 4-8 轻粗骨料的性能指标

项目	密度等级	最大粒径	粒型系数	24 h 吸水率
指标	≥700	≤16 mm	≤2.0	≤10%

3)细骨料宜采用级配Ⅱ区的中砂。天然砂的含泥量、泥块含量应符合表 4-9 的规定;人工砂的石粉含量应符合表 4-10 的规定。细骨料的其他性能及试验方法应符合现行行业标准《普通混凝土用砂、石质量及检验方法标准》JGJ 52 的规定。

表 4-9 天然砂的含泥量和泥块含量

项目	含泥量	泥块含量
指标	≤3.0%	≤1.0%

表 4-10 人工砂的石粉含量

项目		指标		
		≤C25	C30~C55	≥C60
石粉含量	MB<1.4	≤10.0%	≤7.0%	≤5.0%
	MB≥1.4	≤5.0%	≤3.0%	≤2.0%

(3)外加剂

1)外加剂应符合现行国家标准《混凝土外加剂》GB 8076 和《混凝土外加剂应用技术规范》GB 50119 的有关规定。

2)掺用增稠剂、絮凝剂等其他外加剂时,应通过试验进行充分验证,其性能应符合国家现行有关标准的规定。

(4)混凝土用水

自密实混凝土的拌和用水和养护用水应符合现行行业标准《混凝土用

水标准》JGJ 63 的规定。

(5)其他

自密实混凝土加入钢纤维、合成纤维时，其性能应符合现行行业标准《纤维混凝土应用技术规程》JGJ/T 221 的规定。

二、自密实混凝土性能指标的要求

(1)混凝土拌和物的性能

1)自密实混凝土拌和物除应满足普通混凝土拌和物对凝结时间、黏聚性和保水性等的要求外，还应满足自密实性能的要求。

2)自密实混凝土拌和物的自密实性能及要求可按表 4-11 确定。试验方法应按《自密实混凝土应用技术规程》附录 A 执行。

表 4-11　自密实混凝土拌和物的自密实性能及要求

自密实性能	性能指标	性能等级	技术要求
填充性	坍落扩展度(mm)	$SF1$	550~655
		$SF2$	660~755
		$SF3$	760~850
	扩展时间 T_{500}(s)	$VS1$	≥2
		$VS2$	<2
间隙通过性	坍落扩展度与 J 环扩展度差值(mm)	$PA1$	25<$PA1$≤50
		$PA2$	0≤$PA2$≤25
抗离析性	离析率(%)	$SR1$	≤20
		$SR2$	≤15
	粗骨料振动离析率(%)	f_m	≤10

注：当抗离析性试验结果有争议时，以离析率筛析法试验结果为准。

3)不同性能等级自密实混凝土的应用范围应按表 4-12 确定。

(2)硬化混凝土的性能

硬化混凝土的力学性能、长期性能和耐久性能应满足设计要求和国家现行相关标准的规定。

表 4-12 不同性能等级自密实混凝土的应用范围

<table>
<tr><th>自密实性能</th><th>性能等级</th><th>应 用 范 围</th><th>重要性</th></tr>
<tr><td rowspan="5">填充性</td><td>SF1</td><td>①从顶部浇筑的无配筋或配筋较少的混凝土结构物；
②泵送浇筑施工的工程；
③截面较小，无需水平长距离流动的竖向结构物</td><td rowspan="5">控制指标</td></tr>
<tr><td>SF2</td><td>适合一般的普通钢筋混凝土结构</td></tr>
<tr><td>SF3</td><td>适用于结构紧密的竖向构件、形状复杂的结构等(粗骨料最大公称粒径宜小于 16 mm)</td></tr>
<tr><td>VS1</td><td>适用于一般的普通钢筋混凝土结构</td></tr>
<tr><td>VS2</td><td>适用于配筋较多的结构或有较高混凝土外观性能要求的结构，应严格控制</td></tr>
<tr><td rowspan="2">间隙通过性</td><td>PA1</td><td>适用于钢筋净距 80~100 mm</td><td rowspan="2">可选指标</td></tr>
<tr><td>PA2</td><td>适用于钢筋净距 60~80 mm</td></tr>
<tr><td rowspan="2">抗离析性</td><td>SR1</td><td>适用于流动距离小于 5 m、钢筋净距大于 80 mm 的薄板结构和竖向结构</td><td rowspan="2">可选指标</td></tr>
<tr><td>SR2</td><td>适用于流动距离超过 5 m、钢筋净距大于 80 mm 的竖向结构。也适用于流动距离小于 5 m、钢筋净距小于 80 mm 的竖向结构，当流动距离超过 5 m，SR 值宜小于 10%</td></tr>
</table>

注：1)钢筋净距小于 60 mm 时宜进行浇筑模拟试验；对于钢筋净距大于 80 mm 的薄板结构或钢筋净距大于 100 mm 的其他结构可不作间隙通过性指标要求。

2)高填充性(坍落扩展度指标为 SF2 或 SF3)的自密实混凝土，应有抗离析性要求。

三、混凝土配合比设计的要求

(1)一般规定：

1)自密实混凝土应根据工程结构形式、施工工艺以及环境因素进行配合比设计，并应在综合考虑混凝土自密实性能、强度、耐久性以及其他性能要求的基础上，计算初始配合比，经试验室试配、调整得出满足自密实性能要求的基准配合比，经强度、耐久性复核得到设计配合比。

2)自密实混凝土配合比设计宜采用绝对体积法，水胶比宜小于 0.45，胶凝材料用量宜控制在 400~550 kg/m^3。

3）自密实混凝土宜采用通过增加粉体材料的方法适当增加浆体体积，也可通过添加外加剂的方法来改善浆体的黏聚性和流动性。

4）钢管自密实混凝土进行配合比设计时，应采取减少收缩的措施。

（2）自密实混凝土初始配合比设计宜符合下列规定：

1）配合比设计应确定拌和物中粗骨料体积、砂浆中砂的体积分数、水胶比、胶凝材料用量、矿物掺和料的比例等参数。

2）粗骨料体积及质量的计算宜符合下列规定：

①1 m^3混凝土中粗骨料的体积（V_g）可按表4-13选用。

表4-13　1 m^3混凝土中粗骨料的体积

填充性指标	*SF*1	*SF*2	*SF*3
每立方米混凝土中粗骨料的体积（m^3）	0.32~0.35	0.30~0.33	0.28~0.30

②1 m^3混凝土中粗骨料的质量（m_g）可按式（4-3）计算：

$$m_g = V_g \cdot \rho_g \tag{4-3}$$

式中　ρ_g——粗骨料的表观密度，kg/m^3。

3）砂浆体积（V_m）可按式（4-4）计算：

$$V_m = 1 - V_g \tag{4-4}$$

4）砂浆中砂的体积分数（Φ_s）可取0.42~0.45。

5）1 m^3混凝土中砂的体积（V_s）和质量（m_s）可按下列公式计算：

$$V_s = V_m \cdot \Phi_s \tag{4-5}$$

$$m_s = V_s \cdot \rho_s \tag{4-6}$$

式中　ρ_s——砂的表观密度，kg/m^3。

6）浆体体积（V_p）可按式（4-7）计算：

$$V_p = V_m - V_s \tag{4-7}$$

7）胶凝材料的表观密度（ρ_b）可根据矿物掺和料和水泥的相对含量及各自的表观密度确定，并可按式（4-8）计算：

$$\rho_b = \frac{1}{\dfrac{\beta}{\rho_m} + \dfrac{(1-\beta)}{\rho_c}} \tag{4-8}$$

式中　ρ_m——矿物掺和料的表观密度，kg/m^3；

ρ_c——水泥的表观密度，kg/m^3；

β——1 m^3混凝土中矿物掺和料占胶凝材料的质量分数，%；当采用两种或两种以上矿物掺和料时，可以β_1、β_2、β_3表示，并进行相应计算；根据自密实混凝土工作性、耐久性、温升控制等要求，合理选择胶凝材料中水泥、矿物掺和料类型，矿物掺和料占胶凝材料用量的质量分数β不宜小于0.2。

8）自密实混凝土配制强度（$f_{cu,0}$）应按现行行业标准《普通混凝土配合比设计规程》JGJ 55 的规定进行计算。

9）水胶比（m_w/m_b）应符合下列规定：

①当具备试验统计资料时，可根据工程所使用的原材料，通过建立的水胶比与自密实混凝土抗压强度关系式来计算得到水胶比。

②当不具备上述试验统计资料时，水胶比可按式（4-9）计算：

$$\frac{m_w}{m_b}=\frac{0.42f_{ce}(1-\beta+\beta\cdot\gamma)}{f_{cu,0}+1.2} \tag{4-9}$$

式中　m_b——1 m^3混凝土中胶凝材料的质量，kg；

m_w——1 m^3混凝土中用水的质量，kg；

f_{ce}——水泥的28 d实测抗压强度，MPa；当水泥28 d抗压强度未能进行实测时，可采用水泥强度等级对应值乘以1.1得到的数值作为水泥抗压强度值；

γ——矿物掺和料的胶凝系数；粉煤灰（$\beta\leq0.3$）可取0.4、矿渣粉（$\beta\leq0.4$）可取0.9。

10）1 m^3自密实混凝土中胶凝材料的质量（m_b）可根据自密实混凝土中的浆体体积（V_p）、胶凝材料的表观密度（ρ_b）、水胶比（m_w/m_b）等参数确定，并可按式（4-10）计算：

$$m_b=\frac{V_p-V_a}{\left(\frac{1}{\rho_b}+\frac{m_w/m_b}{\rho_w}\right)} \tag{4-10}$$

式中 V_a——1 m^3混凝土中引入空气的体积,L;对于非引气型的自密实混凝土,V_a可取 10~20 L;

ρ_w——1 m^3混凝土中拌和水的表观密度, kg/m^3,取 1 000 kg/m^3。

11)1 m^3混凝土中用水的质量(m_w)应根据 1 m^3混凝土中胶凝材料的质量(m_b)以及水胶比(m_w/m_b)确定,并可按式(4-11)计算:

$$m_w = m_b \cdot (m_w/m_b) \tag{4-11}$$

12)1 m^3混凝土中水泥的质量(m_c)和矿物掺和料的质量(m_m)应根据 1 m^3混凝土中胶凝材料的质量(m_b)和胶凝材料中矿物掺和料的质量分数(β)确定,并可按下列公式计算:

$$m_m = m_b \cdot \beta \tag{4-12}$$

$$m_c = m_b - m_m \tag{4-13}$$

13)外加剂的品种和用量应根据试验确定,外加剂用量可按式(4-14)计算:

$$m_{ca} = m_b \cdot \alpha \tag{4-14}$$

式中 m_{ca}——1 m^3混凝土中外加剂的质量,kg;

α——1 m^3混凝土中外加剂占胶凝材料总量的质量百分数,%。

(3)自密实混凝土配合比的试配、调整与确定应符合下列规定:

1)混凝土试配时应采用工程实际使用的原材料,每盘混凝土的最小搅拌量不宜小于 25 L。

2)试配时,首先应进行试拌,先检查拌和物自密实性能必控指标,再检查拌和物自密实性能可选指标。当试拌得出的拌和物自密实性能不能满足要求时,应在水胶比不变、胶凝材料用量和外加剂用量合理的原则下调整胶凝材料用量、外加剂用量或砂的体积分数等,直到符合要求为止。应根据试拌结果提出混凝土强度试验用的基准配合比。

3)混凝土强度试验时至少应采用 3 个不同的配合比。当采用不同的配合比时,其中 1 个应为本规程计算确定的基准配合比,另外 2 个配合比的水胶比宜较基准配合比分别增加和减少 0.02;用水量与基准配合比相同,砂的体积分数可分别增加或减少 1%。

4)制作混凝土强度试验试件时,应验证拌和物自密实性能是否达到设计要求,并以该结果代表相应配合比的混凝土拌和物性能指标。

5)混凝土强度试验时每种配合比至少应制作 1 组试件,标准养护到 28 d 或设计要求的龄期时试压。也可同时多制作几组试件,按《早期推定混凝土强度试验方法标准》JGJ/T 15 早期推定混凝土强度,用于配合比调整,但最终应满足标准养护 28 d 或设计规定龄期的强度要求。如有耐久性要求时,还应检测相应的耐久性指标。

6)应根据试配结果对基准配合比进行调整,调整与确定应按《普通混凝土配合比设计规程》JGJ 55 的规定执行,确定的配合比即为设计配合比。

7)对于应用条件特殊的工程,宜采用确定的配合比进行模拟试验,以检验所设计的配合比是否满足工程应用条件。

四、体　　会

(1)对自密实混凝土配合比设计的体会

1)由于自密实混凝土对工作性能要求较高,所以相应对其所使用原材料的要求也就较严格,否则自密实混凝土的配合比设计就缺乏物质基础。

2)由混凝土工作性能配合比设计的基础知识知道,混凝土流动性的好坏本质上是由其骨料表层包裹层浆体的厚薄确定的。混凝土要实现其自密实性,就必须要增大其浆体体积的用量。混凝土中浆体体积用量的提高又会加剧混凝土开裂的风险,这可通过掺入一定数量膨胀剂补偿其收缩来解决。

3)混凝土的流动性增大,其保水性和黏聚性相应变差。因此在设计自密实混凝土的配合比时,通常会掺入一定数量的硅灰或增稠剂来改善混凝土的保水性和黏聚性。

4)自密实混凝土强度和耐久性指标的配合比设计与普通混凝土相同。

(2)对现代混凝土配合比设计的体会

通过自密实混凝土的配合比设计可以发现:①尽管自密实性与非自密

实性混凝土设计用水量经验值的方法有所不同，但它们的设计理论基础是相同的，即通过改变混凝土中骨料表层包裹层浆体的厚薄来调整混凝土流动性的大小。②尽管自密实性与非自密实性混凝土设计 *W/B* 比经验值的方法有所不同，但它们的设计理论基础也是相同的，即通过控制混凝土中毛细孔的大小和数量来设计混凝土的强度。

第五章

现代混凝土质量控制新技术

仅仅依靠正确的配合比设计并不能完全保证混凝土的质量。混凝土生产包括混凝土搅拌、运输、泵送、浇筑、捣实、养护全过程。尽管配合比设计对混凝土的工作性能、强度与耐久性起决定性作用,但混凝土的最终质量是由生产过程中每个工艺过程来确定和保证的,其中任何一个环节出了问题,都会对混凝土的质量产生不同程度的影响。

混凝土的质量控制应包括初步控制、生产控制与合格控制。混凝土质量的生产控制是指在生产过程中,为了使混凝土具有稳定的质量而建立的工序控制。实施混凝土质量控制应符合下列规定:

(1)通过对原材料的质量检验与控制、混凝土配合比的确定与控制、混凝土生产和施工过程各工序的质量检验与控制以及合格性检验控制,使混凝土质量符合规定要求。

(2)在生产和施工过程中进行质量检测,计算统计参数,应用各种质量管理图表掌握动态信息,控制整个生产与施工期间的混凝土质量,并遵循升级循环的方式制定改进与提高质量的措施,完善质量控制过程,使混凝土质量稳定提高。

(3)必须配备相应的技术人员和必要的检验及试验设备,建立和健全必要的技术管理与质量控制制度。

具体来讲,混凝土质量控制的实施主要应围绕着原材料质量控制、拌和物质量控制与强度质量控制等方面进行。

第一节 原材料质量控制

一、水泥标准及水泥质量控制

现以《铁路混凝土工程施工质量验收标准》TB 10424—2010 中水泥标准为例，解析标准中各项技术指标制订的目的。其他行业水泥标准中各项技术指标制订的目的与其道理相同。《铁路混凝土工程施工质量验收标准》TB 10424—2010 中规定水泥标准见表 5-1。

表 5-1 水泥的性能

序号	检验项目	技术要求	检验方法
1	比表面积	300~350 m^2/kg	按 GB/T 8074 检验
2	凝结时间	初凝≥45 min，终凝≤600 min （硅酸盐水泥终凝≤390 min）	按 GB/T 1346 检验
3	安定性	沸煮法合格	按 GB/T 1346 检验
4	强度	符合 TB 10424—2010 表 6. 2. 1-2 的规定	按 GB /T 17671 检验
5	烧失量	≤5. 0%(P · O)；≤3. 5%(P · Ⅱ)； ≤3. 0%(P · Ⅰ)	按 GB/T 176 检验
6	游离 CaO 含量	≤1. 0%	按 GB/T 176 检验
7	MgO 含量	≤5. 0%	按 GB/T 176 检验
8	SO_3 含量	≤3. 5%	按 GB/T 176 检验
9	Cl^- 含量	≤0. 06%	按 GB/T 176 检验
10	碱含量	≤0. 80%	按 GB/T 176 检验
11	助磨剂种类及掺量	符合 GB/T 175—2007 第 5. 2 条规定	检验产品质量证明文件
12	石膏种类及掺量		
13	混合材种类及掺量		
14	熟料中的 C_3A 含量	≤8. 0%	按 GB/T 21372 检验

注：1）当骨料具有碱—硅酸盐反应活性时，水泥的碱含量不应超过 0. 60%。C40 及以上强度等级混凝土用水泥的碱含量不宜超过 0. 60%。

2）在氯盐环境条件下，混凝土宜采用低 Cl^- 含量的水泥，不宜抗硫酸盐硅酸盐水泥。

3）在硫酸盐化学环境条件下，混凝土应采用低 C_3A 含量的水泥，且胶凝材料的抗蚀系数（56 d）不得小于 0. 80。

水泥标准表达了几层含义呢？即为什么要制订14项技术指标？每项技术指标制订的目的是什么？如实际使用的水泥存在某项技术指标不能满足标准要求，这样的水泥能使用吗？

要回答上述问题，首先必须要弄清楚这14项技术指标是由谁提出来的？这14项技术指标不是由制订标准的人提出来的，而是由混凝土的工作性能、强度和耐久性能分别提出来的。某种水泥能不能用到混凝土中去，是由混凝土的性能说了算。只要能保证混凝土的工作性能、强度和耐久性能，任何水泥都可以用，否则水泥质量再好也不能用。

混凝土的工作性能对水泥提出了以下几点要求：①水泥细度控制：水泥不能生产的太细了。使用太细的水泥生产混凝土时，容易导致混凝土的初始坍落度出不来，且坍落度损失大，使得混凝土工作性能不易控制，因此对水泥的比表面积进行了上限控制。②凝结时间控制：水泥的初凝时间太快会导致混凝土的坍落度损失大，使得混凝土工作性能不易控制；水泥的终凝时间太长会导致混凝土的早期强度出不来，影响施工进度。因此对水泥的初终凝时间分别进行了上下限控制。③助磨剂种类及掺量控制：若助磨剂为萘系减水剂，用这样的水泥生产混凝土使用聚羧酸减水剂时就容易出现坍落度损失大的质量问题。④石膏种类及掺量控制：若石膏为硬石膏，用这样的水泥生产混凝土时容易出现坍落度损失大的质量问题。⑤混合材种类及掺量控制：若混合材为煅烧煤矸石，用这样的水泥生产混凝土时容易出现初始坍落度出不来的质量问题。⑥熟料中C_3A含量控制：若熟料中C_3A含量太高，用这样的水泥生产混凝土时容易出现坍落度损失大的质量问题。因此混凝土的工作性能对水泥提出了上述6项技术要求。

混凝土的强度对水泥提出了以下几点要求：①水泥细度控制：水泥不能生产的太粗了。使用太粗的水泥生产混凝土时，容易导致混凝土的强度出不来，影响施工进度，因此提出了水泥比表面积≥300 m^2/kg的技术要求。②水泥强度控制：水泥强度是用胶砂试验方法，采用3 d和28 d龄期的相对强度进行表征。若水泥自身的强度达不到技术要求或波动太大，会导致混凝土的强度不能满足强度设计要求。上述2项技术指标都会对混凝土的强度有较大影响，因此混凝土的强度对它们提出了相应的技术要求。

混凝土的耐久性对水泥提出了以下几点要求：①水泥细度控制：水泥不能生产的太细了。使用太细的水泥生产混凝土时，容易造成混凝土的水化热释放太快，导致混凝土结构开裂，因此提出了水泥比表面积≤350 m^2/kg 的技术要求。②游离 CaO 含量、MgO 含量和 SO_3 含量控制：游离 CaO 水化生成 $Ca(OH)_2$，游离 MgO 水化生成 $Mg(OH)_2$，过多石膏掺量会导致延迟钙矾石的生成。这些膨胀性产物生成量太多时易导致水泥安定性不良，引起混凝土开裂。③Cl^- 含量控制：对钢筋混凝土而言，其总的 Cl^- 含量不应超过胶凝材料的 0.1%，否则易导致钢筋锈蚀。混凝土中总的 Cl^- 含量来源于水泥、矿物掺和料、砂石料、水和外加剂，因此对它们提出了相应的 Cl^- 含量上限控制技术要求。④碱含量控制：混凝土中总的碱含量不应超过 3.0 kg/m^3，否则易造成碱骨料反应破坏。混凝土的总碱含量来源于水泥、矿物掺和料、水和外加剂，因此对它们提出了相应的碱含量上限控制技术要求。

通过上述分析，明白了水泥各项技术指标是由混凝土的性能提出来的这一基本道理。实际工程中由于存在对水泥标准的片面理解，一些技术人员错误地将水泥按合格与不合格来分类或进行质量控制。实际上，混凝土的质量控制是通过 2 道防线来实施的。第 1 道防线是进行原材料的质量控制，力争选用各项技术指标都满足标准要求的原材料来施工。第 2 道防线是通过混凝土的配合比设计来控制的。若受到水泥的选材限制，实际工程中使用的水泥可能存在某项技术指标超出标准规定的要求。使用这样的水泥时，通过对混凝土配合比进行合理设计，也是能保证混凝土的工作性能、强度和耐久性的。如实际使用的水泥中碱含量为 0.82%，超出了水泥标准的技术要求。在使用这样的水泥进行混凝土配合比设计时，就可以通过提高矿物掺和料掺量的方式来对胶凝材料进行改性。只要能保证配合比设计得到的混凝土中总碱含量低于 3.0 kg/m^3，混凝土也就不会发生碱骨料破坏，这样的水泥也可以选用。同理，我们可以用 P·O 42.5 的水泥配制 C50 混凝土，也可以用 P·O 52.5 的水泥配制 C30 混凝土，关键是看我们在实际工程中如何合理使用了。

至此,应该能明白水泥质量控制的要点:①水泥不存在合格与不合格之说,只有质量好坏之分。②实际工程中,尽量选用质量好的水泥,这样做对混凝土的质量控制有利。③如实际工程中受到水泥的选材限制,水泥中某项技术指标超出了标准规定的要求,这时应通过对混凝土配合比进行合理设计来保证混凝土的质量。④实际工程中,控制水泥质量的相对稳定是控制混凝土质量的有效技术途径之一。

二、粉煤灰标准及粉煤灰质量控制

现以《铁路混凝土工程施工质量验收标准》TB 10424—2010 中粉煤灰标准为例,解析标准中各项技术指标制订的目的。其他行业粉煤灰标准中各项技术指标制订的目的与其道理相同。《铁路混凝土工程施工质量验收标准》TB 10424—2010 中粉煤灰标准见表 5-2。

表 5-2　粉煤灰的性能

序号	检验项目	技术要求		检验方法
		C50 及以上	C50 以下	
1	细度	≤12.0%	≤25.0%	按 GB/T 1596 检验
2	需水量比	≤95%	≤105%	按 GB/T 1596 检验
3	烧失量	≤5.0%	≤8.0%	按 GB/T 176 检验
4	Cl^-含量	≤0.02%		按 GB/T 176 检验
5	含水量	≤1.0%		按 GB/T 1596 检验
6	SO_3含量	≤3.0%		按 GB/T 176 检验
7	CaO 含量	≤10%		按 GB/T 176 检验
8	游离 CaO 含量	≤1.0%		按 GB/T 176 检验

注:在冻融破坏环境下,粉煤灰的烧失量不宜大于 3.0%。

混凝土的工作性能对粉煤灰提出了以下几点要求:①需水量比指标控制:粉煤灰需水量比太高时,使用这样的粉煤灰生产混凝土容易导致混凝土的初始坍落度出不来,且坍落度损失大,使得混凝土的工作性能不易控制。②烧失量指标控制:粉煤灰烧失量太高时,使用这样的粉煤灰生产混凝土也容易导致混凝土的初始坍落度出不来,且坍落度损失大,使得混凝土的工作性能难以控制。上述 2 项技术指标都会对混凝土的初始坍落度或坍落度损失有较大影响,因此混凝土的工作性能对它们提出了相应的技术要求。

混凝土的强度对粉煤灰提出了 1 项要求,即粉煤灰细度的控制:粉煤灰越细,粉煤灰的活性指数就越高,粉煤灰的微集料效应也越明显,这对混凝土的强度是有裨益的。因此混凝土的强度对粉煤灰细度提出了相应的技术要求。

混凝土的耐久性对粉煤灰提出了以下几点要求:①Cl^-含量控制:对钢筋混凝土而言,其总的 Cl^-含量不应超过胶凝材料的 0.1%,否则易导致钢筋锈蚀。混凝土中总的 Cl^-含量来源于水泥、矿物掺和料、砂石料、水和外加剂,因此对它们提出了相应的 Cl^-含量上限控制技术要求。②SO_3含量控制:过多 SO_3含量会导致延迟钙矾石的生成。该膨胀性产物生成量太多时易导致混凝土安定性不良,引起混凝土开裂。③游离 CaO 含量和 CaO 含量控制:游离 CaO 水化生成 $Ca(OH)_2$,该膨胀性产物生成量太多时也易导致混凝土安定性不良,引起混凝土开裂。

通过上述分析,明白了粉煤灰各项技术指标是由混凝土的性能提出来的这一基本道理。实际工程中由于存在对粉煤灰标准的片面理解,一些技术人员错误地将粉煤灰按合格与不合格来分类或进行质量控制。实际上,我们已经明白了混凝土的质量控制是通过 2 道防线来实施的。第 1 道防线是尽量选用各项技术指标都满足标准要求的粉煤灰来施工。第 2 道防线是通过混凝土的配合比设计来控制的。若受到粉煤灰的选材限制,实际工程中使用的粉煤灰可能存在某项技术指标超出标准规定的要求。使用这样的粉煤灰时,通过对混凝土配合比进行合理设计,也是能保证混凝土的工作性能、强度和耐久性的。如实际使用粉煤灰的需水量比为 110%,超出了粉煤灰标准的技术要求。在使用这种粉煤灰进行混凝土配合比设计时,就可以通过提高外加剂掺量的方式来解决。只要能保证配合比设计得到的混凝土工作性能满足设计要求,这样的粉煤灰也可以选用。

至此,应该能明白粉煤灰质量控制的要点:①粉煤灰不存在合格与不合格之说,只有质量好坏之分。②实际工程中,尽量选用质量好的粉煤灰,这样做对混凝土的质量控制有利。③如实际工程中受到粉煤灰的选材限制,粉煤灰中某项技术指标超出了标准规定的要求,这时应通过对混凝土配合比进行合理设计来保证混凝土的质量。④实际工程中,控制粉煤灰质量的相对稳定是控制混凝土质量的有效技术途径之一。

三、磨细矿渣粉标准及磨细矿渣粉质量控制

现以《铁路混凝土工程施工质量验收标准》TB 10424—2010 中磨细矿渣粉标准为例,解析标准中各项技术指标制订的目的。其他行业磨细矿渣粉标准中各项技术指标制订的目的与其道理相同。《铁路混凝土工程施工质量验收标准》TB 10424—2010 中磨细矿渣粉标准见表 5-3。

表 5-3 磨细矿渣粉的性能

序号	检验项目	技术要求	检验方法
1	密度	≥2.8 g/cm^3	按 GB/T 208 检验
2	比表面积	350~500 m^2/kg	按 GB/T 8074 检验
3	流动度比	≥95%	按 GB/T 18046 检验
4	烧失量	≤3.0%	按 GB/T 18046 检验
5	MgO 含量	≤14.0%	按 GB/T 176 检验
6	SO_3 含量	≤4.0%	按 GB/T 176 检验
7	Cl^- 含量	≤0.06%	按 GB/T 176 检验
8	含水量	≤1.0%	按 GB/T 18046 检验
9	7 d 活性指数	≥75%	按 GB/T 18046 检验
	28 d 活性指数	≥95%	按 GB/T 18046 检验

混凝土的工作性能对磨细矿渣粉提出了以下几点要求:①流动度比指标控制:磨细矿渣粉流动度比太小时,使用这样的磨细矿渣粉生产混凝土容易导致混凝土的初始坍落度出不来,且坍落度损失大,使得混凝土的工

作性能不易控制。②烧失量指标控制：磨细矿渣粉烧失量太高时，使用这样的磨细矿渣粉生产混凝土也容易导致混凝土的初始坍落度出不来，且坍落度损失大，使得混凝土的工作性能难以控制。因此混凝土的工作性能对磨细矿渣粉提出了上述2项技术要求。

混凝土的强度对磨细矿渣粉提出了2项要求：①磨细矿渣粉细度控制：磨细矿渣粉粉磨到比表面积为500 m^2/kg 的时候就很困难再被进一步磨细了，故从经济性的角度考虑认为将比表面积控制到500 m^2/kg 时就比较合理，但从技术性角度上考虑其还是越细越好。磨细矿渣粉越细，磨细矿渣粉的活性指数就越高，其微集料效应也越明显，这对混凝土的强度是有裨益的。②活性指数控制：磨细矿渣粉的活性指数越高，表明其活性组分的含量越高，这对混凝土强度是十分有利的。因此混凝土的强度对磨细矿渣粉提出了上述2项技术要求。

混凝土的耐久性对磨细矿渣粉提出了以下几点要求：①Cl^-含量控制：对钢筋混凝土而言，其总的Cl^-含量不应超过胶凝材料的0.1%，否则易导致钢筋锈蚀。混凝土中总的Cl^-含量来源于水泥、矿物掺和料、砂石料、水和外加剂，因此对它们提出了相应的Cl^-含量上限控制技术要求。②SO_3含量控制：过多SO_3含量会导致延迟钙矾石的生成。该膨胀性产物生成量太多时易导致混凝土安定性不良，引起混凝土开裂。③MgO含量控制：游离MgO水化生成$Mg(OH)_2$，该膨胀性产物生成量太多时也易导致混凝土安定性不良，引起混凝土开裂。

通过上述分析，明白了磨细矿渣粉各项技术指标是由混凝土的性能提出来的这一基本道理。实际工程中由于存在对磨细矿渣粉标准的片面理解，一些技术人员错误地将磨细矿渣粉按合格与不合格来分类或进行质量控制。实际上，我们是通过2道防线的控制来保证混凝土的质量。第1道防线是尽量选用各项技术指标都满足标准要求的磨细矿渣粉来施工。第2道防线是通过混凝土的配合比设计来控制。若受到磨细矿渣粉的选材限制，实际工程中使用的磨细矿渣粉可能存在某项技术指标超出标准规定的要求。使用这样的磨细矿渣粉时，通过对混凝土配合比进行合理设计，也是能保证混凝土的工作性能、强度和耐久性的。如实际使用磨细矿渣粉的流动度比为90%,超出了磨细矿渣粉标准的技术要求。在使用这种磨细矿渣粉进行混凝土配合比设计时,就可以通过提高外加剂掺量的方式来解决。只要能保证配合比设计得到的混凝土工作性能满足设计要求,这样的磨细矿渣粉也可以选用。

至此,应该能明白磨细矿渣粉质量控制的要点:①磨细矿渣粉不存在合格与不合格之说,只有质量好坏之分。②实际工程中,尽量选用质量好的磨细矿渣粉,这样做对混凝土的质量控制有利。③如实际工程中受到磨细矿渣粉的选材限制,磨细矿渣粉中某项技术指标超出了标准规定的要求,这时应通过对混凝土配合比进行合理设计来保证混凝土的质量。④实际工程中,控制磨细矿渣粉质量的相对稳定是控制混凝土质量的有效技术途径之一。

四、硅灰标准及硅灰质量控制

现以《铁路混凝土工程施工质量验收标准》TB 10424—2010 中硅灰标准为例,解析标准中各项技术指标制订的目的。其他行业硅灰标准中各项技术指标制订的目的与其道理相同。《铁路混凝土工程施工质量验收标准》TB 10424—2010 中硅灰标准见表 5-4。

表 5-4 硅灰的性能

序号	检验项目	技术要求	检验方法
1	烧失量	≤6.0%	按 GB/T 176 检验
2	比表面积	≥18 000 m^2/kg	按 GB/T 18736 检验
3	需水量比	≤125%	按 GB/T 18736 检验
4	28 d 活性指数	≥85%	按 GB/T 18736 检验
5	Cl^- 含量	≤0.02%	按 GB/T 176 检验
6	SiO_2 含量	≥85%	按 GB/T 176 检验
7	含水量	≤3.0%	按 GB/T 1596 检验

注:硅灰掺量一般不超过胶凝材料总量的 8%,且宜与其他矿物掺和料复合使用。

混凝土的工作性能对硅灰提出了以下几点要求:①需水量比指标控制:硅灰需水量比太高时,使用这样的硅灰生产混凝土容易导致混凝土的初始坍落度出不来,且坍落度损失大,使得混凝土的工作性能不易控制。②烧失量指标控制:硅灰烧失量太高时,使用这样的硅灰生产混凝土也容易导致混凝土的初始坍落度出不来,且坍落度损失大,使得混凝土的工作性能难以控制。因此混凝土的工作性能对硅灰提出了上述2项技术要求。

混凝土的强度对硅灰提出了以下几点要求:①硅灰细度控制:硅灰越细,其活性指数就越高,对混凝土增强效果就越明显。②活性指数控制:硅灰的活性指数越高,表明其活性组分的含量越高,这对混凝土强度也是十分有利的。③SiO_2含量控制:SiO_2含量越高,表明硅灰的火山灰活性越高,这对混凝土强度是十分有利的。因此混凝土的强度对硅灰提出了上述3项技术要求。

混凝土的耐久性对硅灰提出了Cl^-含量控制的要求。对钢筋混凝土而言,其总的Cl^-含量不应超过胶凝材料的0.1%,否则易导致钢筋锈蚀。混凝土中总的Cl^-含量来源于水泥、矿物掺和料、砂石料、水和外加剂,因此对它们提出了相应的Cl^-含量上限控制技术要求。

通过上述分析,明白了硅灰各项技术指标是由混凝土的性能提出来的这一基本道理。实际工程中由于存在对硅灰标准的片面理解,一些技术人员错误地将硅灰按合格与不合格来分类或进行质量控制。实际上,我们是通过2道防线的控制来保证混凝土的质量。第1道防线是尽量选用各项技术指标都满足标准要求的硅灰来施工。第2道防线是通过混凝土的配合比设计来控制。若受到硅灰的选材限制,实际工程中使用的硅灰可能存在某项技术指标超出标准规定的要求。使用这样的硅灰时,通过对混凝土配合比进行合理设计,也是能保证混凝土的工作性能、强度和耐久性的。如实际使用硅灰的活性指数为80%,超出了硅灰标准的技术要求。在使用这种硅灰进行混凝土配合比设计时,就可以通过降低W/B比的方式来解决。只要能保证配合比设计得到的混凝土强度满足设计要求,这样的硅灰也可以选用。

至此,应该能明白硅灰质量控制的要点:①硅灰不存在合格与不合格之说,只有质量好坏之分。②实际工程中,尽量选用质量好的硅灰,这样做对混凝土的质量控制有利。③如实际工程中受到硅灰的选材限制,硅灰中某项技术指标超出了标准规定的要求,这时应通过对混凝土配合比进行合理设计来保证混凝土的质量。④实际工程中,控制硅灰质量的相对稳定是控制混凝土质量的有效技术途径之一。

五、细骨料标准及细骨料质量控制

现以《铁路混凝土工程施工质量验收标准》TB 10424—2010 中细骨料标准为例,解析标准中各项技术指标制订的目的。其他行业细骨料标准中各项技术指标制订的目的与其道理相同。《铁路混凝土工程施工质量验收标准》TB 10424—2010 中细骨料标准见表 5-5 和表 5-6。

表 5-5 细骨料的颗粒级配范围

公称粒径(mm) \ 累计筛余(%) \ 级配区	Ⅰ区	Ⅱ区	Ⅲ区
10.0	0	0	0
5.00	10~0	10~0	10~0
2.50	35~5	25~0	15~0
1.25	65~35	50~10	25~0
0.63	85~71	70~41	40~16
0.315	95~80	92~70	85~55
0.160	100~90	100~90	100~90

注:除 5.00 mm 和 0.63 mm 筛挡外,细骨料的实际颗粒级配与上表所列的累计筛余百分率相比允许有超出分界线,但超出总量不应大于 5%。

表 5-6 细骨料的性能

序号	检验项目	技术要求			检验方法
		<C30	C30~C45	≥C50	
1	含泥量	≤3.0%	≤2.5%	≤2.0%	按 GB/T 14684 检验

续上表

序号	检验项目		技术要求			检验方法
			<C30	C30~C45	≥C50	
2	泥块含量		≤0.5%			按 GB/T 14684 检验
3	云母含量		≤0.5%			按 GB/T 14684 检验
4	轻物质含量		≤0.5%			按 GB/T 14684 检验
5	有机物含量		浅于标准色			按 GB/T 14684 检验
6	压碎指标值(人工砂)		<25%			按 GB/T 14684 检验
7	石粉含量（人工砂）	MB<1.40	≤10.0%	≤7.0%	≤5.0%	按 GB/T 14684 检验
		MB≥1.40	≤5.0%	≤3.0%	≤2.0%	按 GB/T 14684 检验
8	吸水率		≤2%			按 GB/T 14684 检验
9	坚固性		≤8%			按 GB/T 14684 检验
10	硫化物及硫酸盐含量		≤0.5%			按 GB/T 14684 检验
11	Cl^-含量		≤0.02%			按 GB/T 14684 检验

注:1)在冻融破坏环境下,细骨料的含泥量不应大于2.0%,吸水率不应大于1%;

2)当细骨料中含有颗粒状的硫酸盐或硫化物杂质时,应进行专门检验,确认能满足混凝土耐久性要求时,方能采用。

混凝土的工作性能对细骨料提出了以下几点要求:①级配指标控制:细骨料的级配越好,混凝土的工作性能越容易控制。②有害杂质含量控制:细骨料中含泥量、泥块含量、云母含量、有机物含量、轻物质含量和石粉含量越少,使用这样的细骨料生产混凝土的初始坍落度和坍落度损失越容易控制。因此混凝土的工作性能对细骨料提出了上述7项技术要求。

混凝土的强度对细骨料提出了以下几点要求:①有害杂质含量控制:细骨料中含泥量、泥块含量、云母含量、有机物含量、轻物质含量和石粉含量越少,使用这样的细骨料生产混凝土的强度越容易控制。②压碎指标值控制:细骨料的压碎值越小,混凝土的强度越高。因此混凝土的强度对细骨料提出了上述7项技术要求。

混凝土的耐久性对细骨料提出了以下几点要求:①Cl^-含量控制:对钢筋混凝土而言,其总的Cl^-含量不应超过胶凝材料的0.1%,否则易导致钢筋锈蚀。混凝土中总的 Cl^- 含量来源于水泥、矿物掺和料、砂石料、水和外加剂,因此对它们提出了相应的 Cl^- 含量上限控制技术要求。②硫化物及硫酸盐含量控制:过多硫化物及硫酸盐含量会导致延迟钙矾石的生成。该膨胀性产物生成量太多时易导致混凝土安定性不良,引起混凝土开裂。③坚固性指标控制:细骨料的坚固性值越小,混凝土的抗冻性越好。

通过上述分析,明白了细骨料各项技术指标是由混凝土的性能提出来的这一基本道理。实际工程中由于存在对细骨料标准的片面理解,一些技术人员错误地将细骨料按合格与不合格来分类或进行质量控制。实际上,我们是通过 2 道防线的控制来保证混凝土的质量。第 1 道防线是尽量选用各项技术指标都满足标准要求的细骨料来施工。第 2 道防线是通过混凝土的配合比设计来控制。若受到细骨料的选材限制,实际工程中使用的细骨料可能存在某项技术指标超出标准规定的要求。使用这样的细骨料时,通过对混凝土配合比进行合理设计,也是能保证混凝土的工作性能、强度和耐久性的。如实际使用细骨料的泥块含量为 1.0%,超出了细骨料标准的技术要求。在使用这种细骨料进行混凝土配合比设计时,就可以通过降低 W/B 比的方式来解决。只要能保证配合比设计得到的混凝土强度满足设计要求,这样的细骨料也可以选用。

至此,应该能明白细骨料质量控制的要点:①细骨料不存在合格与不合格之说,只有质量好坏之分。②实际工程中,尽量选用质量好的细骨料,这样做对混凝土的质量控制有利。③如实际工程中受到细骨料的选材限制,细骨料中某项技术指标超出了标准规定的要求,这时应通过对混凝土配合比进行合理设计来保证混凝土的质量。④实际工程中,控制细骨料质量的相对稳定是控制混凝土质量的有效技术途径之一。

六、粗骨料标准及粗骨料质量控制

现以《铁路混凝土工程施工质量验收标准》TB 10424—2010 中粗骨料标准为例,解析标准中各项技术指标制订的目的。其他行业粗骨料标准中各项技术指标制订的目的与其道理相同。《铁路混凝土工程施工质量验收标准》TB 10424—2010 中粗骨料标准见表 5-7、表 5-8 和表 5-9。

表 5-7　粗骨料的颗粒级配

公称粒径(mm)	累计筛余,按质量(%)								
	筛孔边长尺寸(mm)								
	2.36	4.75	9.5	16.0	19.0	26.5	31.5	37.5	53
5~10	95~100	80~100	0~15	0	—	—	—	—	—
5~16	95~100	85~100	30~60	0~10	0	—	—	—	—
5~20	95~100	90~100	40~80	—	0~10	0	—	—	—
5~25	95~100	90~100	—	30~70	—	0~5	0	—	—
5~31.5	95~100	90~100	70~90	—	15~45	—	0~5	0	—
5~40	—	95~100	70~90	—	30~65	—	—	0~5	0

注:1)粗骨料的最大公称粒径不宜超过钢筋的混凝土保护层厚度的 2/3(在严重腐蚀环境条件下不宜超过 1/2),且不得超过钢筋最小间距的 3/4;

2)配制强度等级 C50 及以上混凝土时,粗骨料最大公称粒径不应大于 25 mm。

表 5-8　粗骨料的压碎指标值(%)

混凝土强度等级	<C30			≥C30		
岩石种类	沉积岩	变质岩或深成的火成岩	喷出的火成岩	沉积岩	变质岩或深成的火成岩	喷出的火成岩
碎石	≤16	≤20	≤30	≤10	≤12	≤13
卵石	≤16			≤12		

注:1)沉积岩(水成岩)包括石灰岩、砂岩等;

2)变质岩包括片麻岩、石英岩等;

3)深成的火成岩包括花岗岩、正长岩、闪长岩和橄榄岩等;

4)火成岩包括玄武岩、辉绿岩等。

表 5-9　粗骨料的性能

序号	检验项目	技术要求			检验方法
		<C30	C30~C45	≥C50	
1	针片状颗粒含量	≤10%	≤8%	≤5%	按 GB/T 14685 检验
2	含泥量	≤1.0%	≤1.0%	≤0.5%	按 GB/T 14685 检验
3	泥块含量	≤0.2%			按 GB/T 14685 检验

续上表

序号	检验项目	技术要求			检验方法
		<C30	C30~C45	≥C50	
4	岩石抗压强度	母岩抗压强度与混凝土强度等级之比不应小于1.5			按GB/T 14685检验
5	吸水率	<2%			按GB/T 14685检验
6	紧密空隙率	≤40%			按GB/T 14685检验
7	坚固性	≤8%(混凝土结构) ≤5%(预应力混凝土结构)			按GB/T 14685检验
8	硫化物及硫酸盐含量	≤0.5%			按GB/T 14685检验
9	Cl^-含量	≤0.02%			按GB/T 14685检验
10	有机物含量(卵石)	浅于标准色			按GB/T 14685检验

注:干湿交替或冻融破坏环境下,粗骨料的吸水率应小于1%。

混凝土的工作性能对粗骨料提出了以下几点要求:①级配指标控制:粗骨料的级配越好,混凝土的工作性能越容易控制。②有害杂质含量控制:粗骨料中针片状颗粒含量、含泥量、泥块含量、有机物含量越少,使用这样的粗骨料生产混凝土的初始坍落度和坍落度损失越容易控制。③紧密空隙率控制:粗骨料的紧密空隙率越小,表明粗骨料的颗粒级配越好,用其配制混凝土的工作性能越容易控制。因此混凝土的工作性能对粗骨料提出了上述6项技术要求。

混凝土的强度对粗骨料提出了以下几点要求:①有害杂质含量控制:粗骨料中针片状颗粒含量、含泥量、泥块含量、有机物含量越少,使用这样的粗骨料生产混凝土的强度越容易控制。②压碎指标值控制:粗骨料的压碎值越小,混凝土的强度越高。③岩石抗压强度控制:岩石抗压强度高,代表着岩石自身的强度高,用其配制混凝土的强度相应就越高。因此混凝土的强度对粗骨料提出了上述6项技术要求。

混凝土的耐久性对粗骨料提出了以下几点要求:①Cl^-含量控制:对钢筋混凝土而言,其总的Cl^-含量不应超过胶凝材料的0.1%,否则易导致钢筋锈蚀。混凝土中总的Cl^-含量来源于水泥、矿物掺和料、砂石料、水和外加剂,因此对它们提出了相应的 Cl^- 含量上限控制技术要求。②硫化物及硫酸盐含量控制:过多硫化物及硫酸盐含量会导致延迟钙矾石的生成。该膨胀性产物生成量太多时易导致混凝土安定性不良,引起混凝土开裂。③坚固性指标控制:粗骨料的坚固性值越小,混凝土的抗冻性越好。

通过上述分析,明白了粗骨料各项技术指标是由混凝土的性能提出来的这一基本道理。实际工程中由于存在对粗骨料标准的片面理解,一些技术人员错误地将粗骨料按合格与不合格来分类或进行质量控制。实际上,我们是通过2道防线的控制来保证混凝土的质量。第1道防线是尽量选用各项技术指标都满足标准要求的粗骨料来施工。第2道防线是通过混凝土的配合比设计来控制。若受到粗骨料的选材限制,实际工程中使用的粗骨料可能存在某项技术指标超出标准规定的要求。使用这样的粗骨料时,通过对混凝土配合比进行合理设计,也是能保证混凝土的工作性能、强度和耐久性的。如实际使用粗骨料的针片状颗粒含量为15%,超出了粗骨料标准的技术要求。在使用这种粗骨料进行混凝土配合比设计时,就可以通过降低 W/B 比的方式来解决。只要能保证配合比设计得到的混凝土强度满足设计要求,这样的粗骨料也可以选用。

至此,应该能明白粗骨料质量控制的要点:①粗骨料不存在合格与不合格之说,只有质量好坏之分。②实际工程中,尽量选用质量好的粗骨料,这样做对混凝土的质量控制有利。③如实际工程中受到粗骨料的选材限制,粗骨料中某项技术指标超出了标准规定的要求,这时应通过对混凝土配合比进行合理设计来保证混凝土的质量。④实际工程中,控制粗骨料质量的相对稳定是控制混凝土质量的有效技术途径之一。

七、减水剂标准及减水剂质量控制

现以《铁路混凝土工程施工质量验收标准》TB 10424—2010 中减水剂标准为例,解析标准中各项技术指标制订的目的。其他行业减水剂标准中各项技术指标制订的目的与其道理相同。《铁路混凝土工程施工质量验收标准》TB 10424—2010 中减水剂标准见表 5-10 和表 5-11。

表 5-10 高效减水剂的性能

序号	检验项目		技术要求		检验方法
			标准型	缓凝型	
1	减水率		≥20%		按 GB 8076 检验
2	含气量		≤3.0%		按 GB 8076 检验
3	泌水率		≤20%		按 GB 8076 检验
4	压力泌水率比(用于配制泵送混凝土时)		≤90%		按 JC 473 检验
5	抗压强度比	1 d	≥140%	—	按 GB 8076 检验
		3 d	≥130%	—	按 GB 8076 检验
		7 d	≥125%	≥125%	按 GB 8076 检验
		28 d	≥120%	≥120%	按 GB 8076 检验
6	坍落度 1 h 经时变化量(用于配制泵送混凝土时)		—	≤60 mm	按 GB 8076 检验
7	凝结时间差	初凝	-90～+120 min	>+90 min	按 GB 8076 检验
		终凝		—	按 GB 8076 检验
8	硫酸钠含量(按折固含量计)		≤10.0%		按 GB 8077 检验
9	Cl^- 含量(按折固含量计)		≤0.6%		按 GB 8077 检验
10	碱含量(按折固含量计)		≤10%		按 GB 8077 检验
11	收缩率比		≤125%		按 GB 8076 检验

注:1)检验减水率、含气量、泌水率比、抗压强度比、凝结时间之差、收缩率比时,混凝土坍落度宜为 80 mm±10 mm;

2)抽检试验用水泥宜为工程用水泥。

表 5-11 聚羧酸系高性能减水剂的性能

序号	检验项目	技术要求			检验方法
		早强型	标准型	缓凝型	
1	减水率	≥25%			按 GB 8076 检验
2	含气量	≤3.0%			按 GB 8076 检验
3	泌水率	≤20%			按 GB 8076 检验
4	压力泌水率比(用于配制泵送混凝土时)	≤90%			按 JC 473 检验

续上表

序号	检验项目		技术要求			检验方法
			早强型	标准型	缓凝型	
5	抗压强度比	1 d	≥180%	≥170%	—	按 GB 8076 检验
		3 d	≥170%	≥160%	—	按 GB 8076 检验
		7 d	≥145%	≥150%	≥140%	按 GB 8076 检验
		28 d	≥130%	≥140%	≥130%	按 GB 8076 检验
6	坍落度 1 h 经时变化量 (用于配制泵送混凝土时)		—	≤80 mm	≤60 mm	按 GB 8076 检验
7	凝结时间差	初凝	-90~+90 min	-90~+120 min	>+90 min	按 GB 8076 检验
		终凝			—	按 GB 8076 检验
8	甲醛含量(按折固含量计)		≤0.05%			按 GB 18582 检验
9	硫酸钠含量(按折固含量计)		≤5.0%			按 GB 8077 检验
10	Cl^-含量(按折固含量计)		≤0.6%			按 GB 8077 检验
11	碱含量(按折固含量计)		≤10%			按 GB 8077 检验
12	收缩率比		≤110%			按 GB 8076 检验

注:1)检验减水率、含气量、泌水率比、抗压强度比、凝结时间之差、收缩率比时,混凝土坍落度宜为 80 mm±10 mm;

2)抽检试验用水泥宜为工程用水泥。

混凝土的工作性能对减水剂提出了以下几点要求:①减水率控制:减水剂的减水率越高,用其配制混凝土的初始坍落度越容易控制。②坍落度 1 h 经时变化量控制:坍落度 1 h 经时变化量越少,使用这样的减水剂生产混凝土的坍落度损失越容易控制。③泌水率和压力泌水率比控制:泌水率和压力泌水率比越小,用其配制混凝土的保水性越容易控制。④凝结时间差控制:减水剂的初、终凝结时间差合理,用其配制混凝土的初、终凝结时间越容易控制。因此混凝土的工作性能对减水剂提出了上述 5 项技术要求。

混凝土的强度对减水剂提出了以下几点要求:①含气量控制:减水剂的含气量高,会导致混凝土的含气量高,这样对混凝土的强度存在不利影响。②抗压强度比控制：减水剂的抗压强度比越高，用其配制混凝土的强度相应就越高。因此混凝土的强度对减水剂提出了上述2项技术要求。

混凝土的耐久性对减水剂提出了以下几点要求：①Cl^-含量控制：对钢筋混凝土而言，其总的Cl^-含量不应超过胶凝材料的0.1%，否则易导致钢筋锈蚀。混凝土中总的Cl^-含量来源于水泥、矿物掺和料、砂石料、水和外加剂，因此对它们提出了相应的Cl^-含量上限控制技术要求。②硫酸钠含量控制：过多硫酸钠含量会导致延迟钙矾石的生成。该膨胀性产物生成量太多时易导致混凝土安定性不良，引起混凝土开裂。③碱含量控制：混凝土中总的碱含量不应超过3.0 kg/m^3，否则易造成碱骨料反应破坏。混凝土的总碱含量来源于水泥、矿物掺和料、水和外加剂，因此对它们提出了相应的碱含量上限控制技术要求。④甲醛含量控制：甲醛对施工人员的身体健康有害。⑤收缩率比控制：减水剂的收缩率比越小，用其配制混凝土的抗裂性相应就越高。

通过上述分析，明白了减水剂各项技术指标是由混凝土的性能提出来的这一基本道理。实际工程中由于存在对减水剂标准的片面理解，一些技术人员错误地将减水剂按合格与不合格来分类或进行质量控制。实际上，我们是通过2道防线的控制来保证混凝土的质量。第1道防线是尽量选用各项技术指标都满足标准要求的减水剂来施工。第2道防线是通过混凝土的配合比设计来控制。若受到减水剂的选材限制，实际工程中使用的减水剂可能存在某项技术指标超出标准规定的要求。使用这样的减水剂时，通过对混凝土配合比进行合理设计，也是能保证混凝土的工作性能、强度和耐久性的。如实际使用减水剂的减水率为18%，超出了减水剂标准的技术要求。在使用这种减水剂进行混凝土配合比设计时，就可以通过调整用水量的方式来解决。只要能保证配合比设计得到的混凝土工作性能满足设计要求，这样的减水剂也可以选用。

至此，应该能明白减水剂质量控制的要点：①减水剂不存在合格与不合格之说，只有质量好坏之分。②实际工程中，尽量选用质量好的减水剂，这样做对混凝土的质量控制有利。③如实际工程中受到减水剂的选材限制，减水剂中某项技术指标超出了标准规定的要求，这时应通过对混凝土配合比进行合理设计来保证混凝土的质量。④实际工程中，控制减水剂质量的相对稳定是控制混凝土质量的有效技术途径之一。

八、拌和用水标准及拌和用水质量控制

现以《铁路混凝土工程施工质量验收标准》TB 10424—2010 中拌和用水标准为例，解析标准中各项技术指标制订的目的。其他行业拌和用水标准中各项技术指标制订的目的与其道理相同。《铁路混凝土工程施工质量验收标准》TB 10424—2010 中拌和用水标准见表 5-12。

表 5-12　拌和用水的性能

序号	检验项目	技术要求			检验方法
		预应力混凝土	钢筋混凝土	素混凝土	
1	pH 值	>6.5	>6.5	>6.5	按 JGJ 63 检验
2	不溶物含量	<2 000 mg/L	<2 000 mg/L	<5 000 mg/L	按 JGJ 63 检验
3	可溶物含量	<2 000 mg/L	<5 000 mg/L	<10 000 mg/L	按 JGJ 63 检验
4	氯化物含量	<500 mg/L <350 mg/L (用钢丝或热处理的钢筋)	<1 000 mg/L	<3 500 mg/L	按 JGJ 63 检验
		<200 mg/L(混凝土处于氯盐环境下)			
5	硫酸盐含量	<600 mg/L	<2 000 mg/L	<2 700 mg/L	按 JGJ 63 检验
6	碱含量	<1 500 mg/L	<1 500 mg/L	<1 500 mg/L	按 GB/T 176 检验
7	抗压强度比(28 d)	≥90%			按 JGJ 63 检验
8	凝结时间差	≤30 min			按 JGJ 63 检验

混凝土的工作性能对拌和用水提出了以下几点要求：①不溶物含量控制：拌和用水中不溶物含量越少，使用这样的拌和用水生产混凝土的初始坍落度和坍落度损失越容易控制。②碱含量控制：碱含量越低，混凝土坍落度损失越容易控制。③凝结时间差控制：拌和用水的凝结时间差越小，混凝土坍落度损失越容易控制。因此混凝土的工作性能对拌和用水提出

了上述 3 项技术要求。

混凝土的强度对拌和用水提出了以下几点要求:①pH 值控制:拌和用水的 pH 值越小,使用这样的拌和用水生产混凝土的后期强度损失越大。②抗压强度比控制:抗压强度比越高,用其配制混凝土的强度相应就越高。因此混凝土的强度对拌和用水提出了上述 2 项技术要求。

混凝土的耐久性对拌和用水提出了以下几点要求:①Cl^-含量控制:对钢筋混凝土而言,其总的 Cl^- 含量不应超过胶凝材料的 0.1%,否则易导致钢筋锈蚀。混凝土中总的 Cl^- 含量来源于水泥、矿物掺和料、砂石料、水和外加剂,因此对它们提出了相应的 Cl^- 含量上限控制技术要求。②硫酸盐含量控制:过多硫酸盐含量会导致延迟钙矾石的生成。该膨胀性产物生成量太多时易导致混凝土安定性不良,引起混凝土开裂。③碱含量控制:混凝土中总的碱含量不应超过 3.0 kg/m^3,否则易造成碱骨料反应破坏。混凝土的总碱含量来源于水泥、矿物掺和料、水和外加剂,因此对它们提出了相应的碱含量上限控制技术要求。④可溶物含量控制:拌和用水中的可溶物杂质可能对混凝土的耐久性有不利影响。

通过上述分析,明白了拌和用水各项技术指标是由混凝土的性能提出来的这一基本道理。实际工程中由于存在对拌和用水标准的片面理解,一些技术人员错误地将拌和用水按合格与不合格来分类或进行质量控制。实际上,我们是通过 2 道防线的控制来保证混凝土的质量。第 1 道防线是尽量选用各项技术指标都满足标准要求的拌和用水来施工。第 2 道防线是通过混凝土的配合比设计来控制。若受到拌和用水的选材限制,实际工程中使用的拌和用水可能存在某项技术指标超出标准规定的要求。使用这样的拌和用水时,通过对混凝土配合比进行合理设计,也是能保证混凝土的工作性能、强度和耐久性的。如实际使用拌和用水的碱含量超出了拌和用水标准的技术要求,在使用这种拌和用水进行混凝土配合比设计时,就可以通过调整减水剂组成的方式来解决。只要能保证配合比设计得到的混凝土工作性能和耐久性能满足设计要求,这样的拌和用水也可以选用。

至此,应该能明白拌和用水质量控制的要点:①拌和用水不存在合格与不合格之说,只有质量好坏之分。②实际工程中,尽量选用质量好的拌和用水,这样做对混凝土的质量控制有利。③如实际工程中受到拌和用水的选材限制,拌和用水中某项技术指标超出了标准规定的要求,这时应通过对混凝土配合比进行合理设计来保证混凝土的质量。④实际工程中,控制拌和用水质量的相对稳定是控制混凝土质量的有效技术途径之一。

第二节　拌和物质量控制

经试配所确定的混凝土理论配合比在实际生产过程中,由于各种材料的质量波动、计量误差和骨料含水率的变化,加之搅拌的均匀程度,都会使混凝土强度产生波动。这种波动可用混凝土拌和物的和易性与水胶比来反映。因此,对混凝土拌和物质量的控制,可通过一定的工艺条件,以实测值的正常波动范围作为控制混凝土拌和物的质量信息,如发生异常,可随时采取措施,予以解决。为了及时并直观地获得混凝土拌和物的质量信息,在生产过程中,可分别绘制混凝土和易性控制图与水胶比控制图。

一、混凝土拌和物质量控制指标

通常,混凝土拌和物质量控制主要应围绕稠度、含气量、水胶比和水泥用量、均匀性及组成分析等几个方面来进行。

(1)稠度

混凝土拌和物的稠度应以坍落度或维勃稠度表示,坍落度适用于塑性和流动性混凝土拌和物,维勃稠度适用于干硬性混凝土。其检测方法应按现行国家标准《普通混凝土拌和物性能试验方法标准》GB/T 50080 的规定进行。

混凝土拌和物根据其坍落度大小,一般可分为 4 级,并应符合表 5-13 规定。

表 5-13 混凝土按坍落度的分级

级 别	名 称	坍落度(mm)
T_1	低塑性混凝土	10～40
T_2	塑性混凝土	50～90
T_3	流动性混凝土	100～150
T_4	大流动性混凝土	≥160

混凝土拌和物根据其维勃稠度大小,一般可分为 4 级,并应符合表 5-14 规定。

表 5-14 混凝土按维勃稠度的分级

级 别	名 称	维勃稠度(s)
V_0	超干硬性混凝土	≥31
V_1	特干硬性混凝土	30～21
V_2	干硬性混凝土	20～11
V_3	半干硬性混凝土	10～5

混凝土浇筑时的稠度,对现浇混凝土结构可按表 5-15 选用,对预制构件可按表 5-16 选用,也可根据生产施工条件选用适当稠度的混凝土。

表 5-15 混凝土浇筑时的坍落度

结构构件种类	坍落度(mm)
基础或地面等的垫层、无配筋的厚大结构或配筋稀疏的结构构件	10～30
板、梁和大型及中型截面的柱子等	30～50
配筋密列的结构(薄壁、细柱等)	50～70
配筋特密的结构	70～90

注:1)本表系指采用机械振捣时的坍落度,采用人工振捣时可适当增大;

2)浇筑曲面或斜面结构时,其坍落度值根据实际需要另行选定;

3)轻骨料混凝土的坍落度宜比表中的数值减少 10～20 mm;

4)配制坍落度为 90～120 mm 的混凝土时,应掺用适量外加剂。

表 5-16 预制混凝土构件浇筑时的坍落度

预制混凝土构件种类	坍落度(mm)	维勃稠度(s)
薄腹屋面梁	20~40	—
吊车梁、柱、梁、桩	10~20	—
各类小型构件	—	5~10
预应力空心板(长线台座拉模工艺生产)	—	10~15
预应力大型板(钢模板振动台生产)	—	10~15
预应力空心板(钢模板振动台生产)	—	15~20

注:1)本表系指采用机械振捣时的稠度,采用人工振捣时,可适当增大坍落度或减小维勃稠度;

2)采用轻骨料混凝土时,宜适当减小坍落度或增大维勃稠度。

测定混凝土拌和物稠度时,应注意以下几点:

①坍落度试验适用于骨料最大粒径不超过 40 mm、坍落度值不小于 10 mm 的混凝土拌和物。测定坍落度的同时,还应观察评定拌和物的黏聚性与保水性,全面评价拌和物的和易性。

②测定坍落度适用于现场控制塑性和流动性拌和物的质量,判定拌和物的配合比是否与原设计配合比有较大的差异。坍落度的检测结果应符合表 5-17 规定的允许偏差值的要求。如实测值超过允许偏差值时,可根据拌和物的和易性情况,分析研究,查明原因,并确定改进措施。

③试验室可根据坍落度的测定结果,分析研究拌和物的变异情况及对混凝土强度变异的影响。

按规定测试混凝土拌和物维勃稠度时,应注意以下几点:

①维勃稠度试验适用于骨料最大粒径不大于 40 mm、维勃稠度在 5~30 s 之间的拌和物。

②根据维勃稠度的变异情况,判断拌和物的配合比是否与原设计配合比存在较大的差异。维勃稠度的检测结果应符合表 5-18 规定的允许偏差值的要求。如实测值超过允许偏差值时,可根据拌和物的和易性情况分析研究,查明原因,并确定改进措施。

③试验室可根据维勃稠度测试结果，分析研究拌和物的变异情况及对混凝土强度变异的影响。

表 5-17　坍落度允许偏差

坍落度(mm)	允许偏差(mm)
≤40	±10
50～90	±20
≥100	±30

表 5-18　维勃稠度允许偏差

维勃稠度(s)	允许偏差(s)
10	±3
11～20	±4
21～30	±6

(2)含气量

掺引气型外加剂混凝土的含气量应满足设计和施工工艺的要求。根据混凝土采用粗骨料的最大粒径，其含气量的限值不宜超过表 5-19 的规定。混凝土拌和物含气量的检测方法应按现行国家标准《普通混凝土拌和物性能试验方法标准》GB/T 50081 的规定进行。检测结果与要求值的允许偏差范围为±1.5%。

表 5-19　掺引气型外加剂混凝土含气量的限值

粗骨料最大粒径(mm)	混凝土含气量(%)
10	7.0
15	6.0
20	5.5
25	5.0
40	4.5

(3)水胶比和水泥含量

混凝土的最大水胶比与最小水泥用量应符合现行行业标准《普通混凝

土配合比设计规程》JGJ 55 的规定。

混凝土拌和物的水胶比和水泥含量的检测方法应按现行国家标准《普通混凝土拌和物性能试验方法标准》GB/T 50081 的规定进行。实测的水胶比和水泥含量应符合设计要求。

(4)均匀性

混凝土拌和物各组成材料必须拌和均匀,颜色一致,不得有露砂、露石和离析泌水等现象,以保证混凝土拌和物有良好的和易性。

应经常检查混凝土拌和物拌和的均匀情况,对混凝土拌和物均匀性有特殊要求或对混凝土拌和物均匀性有怀疑时,应按相关规定,检测混凝土拌和物的均匀性。

检查混凝土拌和物均匀性时,应在搅拌机卸料过程中,从卸料流的1/4~3/4 中间部位采取试样进行试验,其检测结果应符合下列规定:

①混凝土中砂浆密度两次测值的相对误差不应大于 0.8%;

②单位体积混凝土中粗骨料含量两次测值的相对误差不应大于 5%。

(5)组成分析

混凝土拌和物组成分析应测定新拌混凝土的水胶比、水泥含量及组成等参数,以及时检验新拌混凝土的组成是否符合原设计配合比,用以进行生产控制。

混凝土拌和物水胶比的测定可按现行《普通混凝土拌和物性能试验方法标准》GB/T 50081 中有关规定进行。也可采用经过省、自治区、直辖市级有关部门鉴定核准的混凝土拌和物水胶比测定方法进行测定,并应注意以下几点:

①混凝土拌和物的水胶比分析试验方法适用于对混凝土拌和物进行生产控制,用以判定拌和物的水胶比是否与原设计配合比有较大的变异。当测得的水胶比超过原设计要求水胶比的 0.05 时,应检查分析原因,采取改进措施。

②可根据测得的水胶比绘制控制图,以分析研究水胶比变异及对混凝土强度变异的影响。

混凝土拌和物组成的测定可采用经过省、自治区、直辖市级有关部门鉴定核准的混凝土拌和物测定方法进行测定,并应注意以下几点:

①测定混凝土拌和物的组成适用于对混凝土拌和物进行生产控制;

②根据测定的混凝土拌和物的组成,并结合砂石材料含水量、含泥量、颗粒级配等检验结果,综合分析混凝土拌和物组成变异的原因,必要时应适当调整施工配合比。

二、混凝土的搅拌控制

拌制混凝土时,必须严格按签发的混凝土配合比和指定的材料进行配料,不得随意更改。一般情况下,对于水泥与骨料等固体材料,宜按质量进行称量;对于水和液体外加剂等液体材料,宜按体积进行量取。

各组成材料的计量器具应经计量部门检定合格,保持灵敏、可靠的良好工作状态,并应有定期的校核检修制度。用普通计量衡器时,每班工作前应校核一次,遇有搬迁时,应在迁移后及时校核。电子秤应每周至少校核一次。使用的料斗应注意保持清洁,以保证材料计量准确。每一工作班正式称量前,应对计量设备进行零点校核。

生产过程中应测定骨料的含水率,每一工作班应不少于一次。当含水率有显著变化时,应增加测定次数,依据检测结果及时调整用水量和骨料用量。

工作班前,应在搅拌机控制台旁以文字形式标明所搅拌的混凝土采用的水泥品种和强度等级、混凝土配合比以及每盘混凝土组成材料的实际用量。

水泥、粉煤灰、矿渣等矿物掺和料应干燥保存,以防其受潮难以操作。在贮存过程中,还应防止胶凝材料压紧成块或堵塞输送管道。

现场使用的骨料宜分级堆放,防止骨料发生离析。混凝土配合比设计的砂石含量都是以干燥材料为基准,而搅拌所用的砂石材料一般都含有一定量的水分。为了保证准确的配料,拌制前应及时测量砂石的含水率,并根据所测含水率增加砂石用量,并在原用水量中扣除相应的水。通常情况下,每一工作班应至少测定砂石含水率一次,遇有雨雪天气,还应相应增加测量次数。应及时根据砂石的含水率调整搅拌所用砂、石和水的用量,使混凝土配合比、水胶比符合设计要求。

在拌和掺有矿物掺和料的混凝土时,宜先以部分水、水泥和掺和料在机内拌和后,再加入砂、石及剩余水,并适当延长搅拌时间。

使用外加剂时,应注意检查核对外加剂品名、生产厂名、牌号等。使用时一般宜先将外加剂溶制成外加剂水剂,并预先加入拌和用水中。当采用粉状外加剂时,也可采用定量小包装外加剂另加载体的掺用方式。当用外加剂水剂时,应经常检查外加剂溶液的浓度,并应经常搅拌外加剂溶液,使溶液浓度均匀一致,防止沉淀。溶液中的水量应包括在拌和用水内。

在混凝土的搅拌过程中,除了一小部分工作量很小且分散的场合使用人工搅拌外,基本上都采用机械搅拌。混凝土搅拌机按其工作原理,主要分为自落式与强制式两大类。

(1)自落式搅拌机

自落式搅拌机是利用搅拌筒内的弧形叶片在转动过程中,将筒内物料提升至一定高度,然后使物料在重力作用下自由下落进行搅拌。由于混凝土拌和物黏滞力和摩擦力对生产效能影响很大,故自落式搅拌机只适用于搅拌塑性混凝土。目前,我国施工现场使用的自落式搅拌机主要有鼓筒式和双锥反转出料式搅拌机。

1)鼓筒式搅拌机

鼓筒式搅拌机使用历史悠久,当混凝土坍落度较小时,搅拌时间长,卸料困难,生产效率低,已属淘汰类型。

2)双锥反转出料式搅拌机

双锥反转出料式搅拌机是自落式搅拌机中较好的一种,其搅拌筒由两个截头圆锥组成,内壁附有叶片。搅拌时,叶片将物料带至顶部,然后物料自行下落进行搅拌。由于叶片布置适当,还可迫使物料沿轴左右窜动,搅拌效率高,可在短时间内获得均匀的拌和物。双锥反转出料式搅拌机正转搅拌,反转出料,构造简单,制造容易,在我国应用广泛。

(2)强制式搅拌机

强制式搅拌机主要是利用叶片回转,迫使物料交叉移动而达到搅拌目的。在搅拌过程中,叶片克服了物料的惯性、摩擦力、黏滞力,强制其产生环向、径向、竖向运动,可在短时间内完成搅拌工作。强制式搅拌机比自落式搅拌机搅拌强烈,易于搅拌干硬性混凝土和轻骨料混凝土。强制式搅拌机转速比自落式搅拌机高,动力消耗大,叶片、衬板等的磨损也较大。强制式搅拌机主要分为立轴式和卧轴式两大类型。

1)立轴式搅拌机

立轴式搅拌机的搅拌筒为一圆盘,圆盘上有内外筒壁,盘中心的立轴上装有搅拌叶片。叶片按一定形式布置,立轴转动,带动叶片,迫使物料按复杂的轨迹运动,故可在短时间内完成搅拌任务。立轴式搅拌机通过盘底部的卸料口卸料,卸料迅速,但如卸料口密封不好,水泥浆体易外漏,故立轴式搅拌机不适合搅拌流动性较大的混凝土。

2)卧轴式搅拌机

卧轴式搅拌机是近年来使用的一种新型强制式搅拌机。有单卧轴与双卧轴之分。单卧轴式搅拌机工作部分为一平卧的搅拌筒,筒内装一水平轴,轴上装搅拌臂,臂上装一定形式的叶片。搅拌时,叶片迫使拌和物从两端向中部运动,同时迫使拌和物做左右螺旋形圆周运动,拌和物在搅拌筒内形成复杂而又强烈的复杂运动,故可在极短的时间内形成均匀的拌和物。双卧轴式搅拌机采用双筒、双轴搅拌,体积小,容量大,搅拌时间更短,生产效率更高,较其他类型的搅拌机有明显的优越性。

混凝土搅拌机应经常检查和维修,以保持良好的工作状态。在每次应用搅拌机拌和第一罐混凝土前,应先开动搅拌机空车运转,运转正常以后,再加料搅拌。拌第一罐混凝土时,宜按配合比多加入10%的水泥、水、细骨料的用量;或减少10%的粗骨料用量,使富余的砂浆布满鼓筒内壁及搅拌叶片,防止第一罐混凝土中的砂浆偏少。

在每次应用搅拌机开拌之始,应注意监视与检测开拌初始的第二、三罐混凝土拌和物的和易性。如不符合要求时,应立即分析情况处理,直至拌和物的和易性符合要求,方可持续生产。

当进行新的配合比拌制或原材料有变化时,亦应注意开拌时的监视与检测工作。

混凝土拌和物必须搅拌均匀。拌和程序及时间应通过拌和试验确定。

充分搅拌的目的是使混凝土形成均匀的混合物。不充分的搅拌不但影响硬化混凝土的强度,还可能在各批混凝土之间造成较大的质量波动。在特定的工作条件下,混凝土拌和物搅拌均匀与搅拌时间有着密切的联系。搅拌时间过短,无法得到均匀的拌和物;搅拌时间过长,不但无法提高混凝土质量,还可能引起骨料破碎或混凝土离析等现象。在搅拌工作中,拌制的混凝土拌和物的均匀性应符合现行国家标准《混凝土质量控制标准》GB 50164 的规定。

搅拌时间是指混凝土原材料全部投入搅拌筒时起到开始卸料时为止所经历的时间。最优的搅拌时间常常与搅拌机类型、搅拌机状态、旋转速度、装料量、组成材料性质有着密切的关系。一般而言,干硬性混凝土比塑性混凝土所需的搅拌时间要长一些,骨料较为粗糙的混凝土比骨料圆滑的混凝土所需的搅拌时间要长一些。当搅拌机转速过高时,由于离心作用,会对拌和物搅拌产生较大的干扰,所以一般不允许以提高转速的方式来缩短搅拌时间。为了保证混凝土搅拌质量,混凝土搅拌的最短时间应符合相关标准的规定。表 5-20 为不同类型的搅拌机拌制不同混凝土所需的最短搅拌时间。

表 5-20　混凝土搅拌的最短时间

混凝土坍落度(mm)	搅拌机类型	搅拌机出料量(L)		
		<250	250~500	>500
≤30	强制式	60	90	120
	自落式	90	120	150
>30	强制式	60	60	90
	自落式	90	90	120

搅拌台应设置拌和时间的控制装置,以保证拌和时间符合规定要求。

此外,为检查搅拌时间是否符合规定,每一工作班中还应至少抽查两次搅拌时间。

搅拌开始时的加料顺序也对搅拌质量有明显的影响。顺序不当,常迫使搅拌时间延长,甚至难以得到均匀的拌和物。正确的加料顺序应从提高搅拌质量、减少叶片和衬板磨损、减少拌和物与搅拌筒的黏结、减少水泥飞扬、改善工作环境等方面综合考虑确定。常用的加料顺序主要有一次投料法和二次投料法。

(1)一次投料法

一次投料法是在上料斗中先装粗骨料、再装细骨料与水泥,然后一次投入搅拌机中。对于自落式搅拌机,应在搅拌筒内先加部分水,投料时粗骨料盖住水泥,防止水泥飞扬,水泥与细骨料先进入搅拌筒内形成水泥砂浆,缩短了包裹粗骨料的时间,然后再加入剩余的部分水。对于立轴强制式搅拌机,因出料口在下部,不能先加水,应先投入原料干拌一段时间,再加入拌和用水搅拌至均匀为止。

(2)二次投料法

二次投料法是先将全部的粗、细骨料与部分的拌和用水加入搅拌机中,拌和一段时间使粗、细骨料润湿再加入全部水泥进行造壳搅拌,然后加入余下的拌和用水搅拌至均匀状态。当采用水泥裹砂石法、水泥裹砂法、水泥裹石法、先拌水泥净浆法等分次投料搅拌工艺拌制混凝土时,应结合具体的设备与原材料进行试验,确定搅拌时的投料顺序、数量及分段搅拌时间等相关的搅拌参数。

当采用强制式搅拌机搅拌轻骨料混凝土时,轻骨料宜在搅拌前润湿。润湿后,先将粗、细骨料与水泥拌和搅拌,再加水继续搅拌。如轻骨料搅拌前没有润湿,先加一半的总用水量和粗、细骨料混合搅拌,再加入水泥和剩余的水继续搅拌。

对新拌混凝土应作坍落度、维勃稠度或其他稠度检验试验,由搅拌站操作人员在搅拌地点检测。每班不得少于一次,并做好记录。

当采用先拌水泥净浆法、先拌砂浆法、水泥裹砂法、水泥裹石法或水泥裹砂石法等分次投料搅拌工艺拌制混凝土时,应结合本单位的设备及所用材料实际进行试验,确定搅拌时分次投料的顺序、数量及分段搅拌的时间等工艺参数,并严格按确定的工艺参数和操作规程进行生产,以保证获得符合设计要求的混凝土拌和物。

混凝土搅拌站各生产班组应认真做好生产日志,详细记录有关材料的质量检验结果与应用情况,设备和仪表的检查维修及工作情况,以及混凝土质量检验结果、产量及应用等情况。

混凝土搅拌完毕以后,应按下列要求检测混凝土拌和物的各项性能:

①混凝土拌和物的稠度应在搅拌地点与浇筑地点分别取样检测。每一工作班不应少于一次。评定时应以浇筑地点的测值为准。

在预制构件厂,如混凝土拌和物从搅拌机出料起至浇筑入模的时间不超过 15 min 时,其稠度可仅在搅拌地点取样检测。

在检测坍落度时,还应观察混凝土拌和物的黏聚性和保水性。

②根据需要,尚应检测混凝土拌和物的其他质量指标,检测结果应符合现行国家标准《混凝土质量控制标准》GB 50164 的规定。

三、混凝土的运输控制

混凝土拌和物运输是指混凝土拌和物自搅拌机中卸出到浇筑入模前这一输送过程。按照输送方式不同,混凝土拌和物运输可分为地面水平运输、垂直运输、高空水平运输三种情况。无论采用何种运输方式,在运输工序中,都应控制混凝土运至浇筑地点后,不离析、不分层、组成成分不发生变化,并能保证施工所必需的稠度。

运送混凝土的容器应不吸水、不漏浆、内壁平整光洁,并保证卸料及输送通畅。容器和管道在冬期应有保温措施,夏季应有隔热措施。容器或管内黏附的混凝土残渣应及时清除。运送混凝土的道路宜平整,以防运输工具过度颠簸,导致骨料离析和泌水,混凝土拌和物均匀性变差。

采用预拌混凝土时,混凝土从搅拌站运输到现场常采用混凝土搅拌运输车。混凝土搅拌运输车是运输混凝土的有效工具,它有一搅拌筒斜放在汽车的底盘上。在混凝土搅拌站装入混凝土后,由于搅拌筒内有两条螺旋状叶片,在运输过程中,搅拌筒可以慢速转动进行拌和,以防止混凝土离析,运至浇筑地点,搅拌筒反转即可迅速卸出混凝土。搅拌筒容量一般为 6~12 m^3。

混凝土拌和物在运输过程中,由于骨料吸水、水泥的水化及失水或漏浆,会使混凝土拌和物稠度增大,坍落度减小。夏季高温干燥天气,拌和物水分过度蒸发,也会使坍落度减小。运输工具应严密不漏浆失水,运输前用水润湿容器。夏季还应采取措施防止水分过度蒸发,雨天运输应有防雨措施,冬季运输还应有防寒措施。

为保证混凝土拌和物不产生离析现象、满足浇筑时规定的坍落度及在混凝土初凝之前有充分的时间进行浇筑和捣实,混凝土拌和物的运输能力应与搅拌、浇筑能力相适应,并应以最少的运转次数及最短时间将混凝土拌和物从搅拌地点运输到浇筑现场。混凝土拌和物从搅拌机中卸出后到浇筑完毕的延续时间不宜超过表 5-21 中规定。

表 5-21 混凝土从搅拌机中卸出到浇筑完毕的延续时间

气温	延续时间(min)			
	采用搅拌车		采用其他运输设备	
	≤C30	>C30	≤C30	>C30
≤25 ℃	120	90	90	75
>25 ℃	90	60	60	45

注:掺有外加剂或采用快硬水泥时,延续时间应通过试验确定。

混凝土运送至浇筑地点,如果混凝土拌和物出现离析或分层现象,应对混凝土拌和物进行二次搅拌。混凝土运送至卸料地点时,应检测其稠度。所测稠度值应符合设计和施工要求。其允许偏差值应符合现行国家标准《混凝土质量控制标准》GB 50164 的规定。混凝土拌和物运送至浇筑地点时的温度最高不宜超过 35 ℃,最低不宜低于 5 ℃。

四、混凝土的泵送控制

混凝土泵送是指在压力作用下,通过硬质导管或软质导管,将混凝土拌和物输送到浇筑现场指定位置的过程。混凝土泵可在水平或垂直方向上进行连续输送,速度快,效率高,尤其在诸如隧道等工作空间有限的场合,较其他输送方式有明显的优势。通过混凝土泵,混凝土水平方向可以输送到 1 400 m 的距离,垂直方向可输送到 420 m 的高度。

混凝土泵按构造和工作原理的不同,有活塞式、挤压式、隔膜式和气压式等。

我国目前使用较多的混凝土泵是活塞泵。活塞泵多采用液压装置,它主要由料斗、液压缸、活塞、混凝土缸、Y 形输送管、冲洗设备、液压系统和动力系统几大部分组成。对每个活塞,后退时进料阀打开,混凝土从料斗中吸入缸中,活塞前进时进料阀关闭,混凝土通过 Y 形输送管压入输送管。两个活塞交替作往返的运动,保证混凝土稳定输送。

混凝土泵送距离受泵的功率、泵管尺寸、均匀流动所需克服的阻力、泵送的速率、混凝土特性等多种因素的影响。泵必须具有足够的力量以克服混凝土和管内壁之间的摩擦力。混凝土泵的位置应尽量靠近浇筑现场,并使管道长度最短,方向变换最少,以减少管道阻力,保持管道输送通畅。如输送距离过长或高度过高,一台泵无法满足使用需要,可采用两台泵接力输送。

水平输送管道的布置原则上按浇筑范围,将管道布置到最远的浇筑点,在浇筑过程中,逐渐拆管,向近泵处输送浇筑。垂直的输送管道应在竖管底部设置基座,并在竖管下部设置逆止阀,以防止停泵时混凝土拌和物倒流。泵送混凝土时,应保证混凝土泵的连续工作,受料斗内应有足够的混凝土,泵送间歇时间不宜超过 15 min。

泵送的混凝土以圆柱体形式在管道中移动,与管壁之间由一层砂浆或水泥浆分开。因此,在正式泵送前应采用合适的砂浆对泵送系统进行润滑。也可采用比常规混凝土多 60~120 kg/m^3 水泥含量的混凝土或除去粗骨料的混凝土进行润滑。在泵送工程中,无需再进行润滑。泵送结束后,可采用压缩空气和水对泵送系统进行清洗。

当混凝土采用泵送施工时,需要特别注意混凝土的配合比设计。

泵送混凝土与其他混凝土没有巨大的差异,但应特别注意的是,泵送混凝土应该是塑性的,干硬性的混凝土无法进行泵送。通常,泵送失败的主要原因是摩擦阻力过大或混凝土离析。对于泵送施工的混凝土,应通过试验确定其是否具有好的可泵性,配合比不好的混凝土常常会导致堵管事故。

泵送混凝土粗骨料采用卵石与碎石均可。粗骨料的最大粒径根据输送管最小内径而定。碎石最大粒径应小于输送管道最小内径 1/3,卵石最大粒径应小于输送管道最小内径 2/5。当采用轻骨料时,为防止骨料吸水影响混凝土的和易性,拌制混凝土前应将轻骨料浸湿饱和。

泵送混凝土中应含有足够的保水性良好的砂浆。在泵送过程中,流动的砂浆是泵送的媒介,粗骨料则悬浮其中,因此特别需要注意保证充足的细骨料用量。泵送混凝土较普通混凝土有较高的砂率,一般来讲,其砂率宜控制在 40%~45%。砂率过高,影响混凝土强度,过低,则影响混凝土可泵性。

混凝土坍落度对拌和物的泵送性能有极大的影响。坍落度过小,管道摩擦阻力过大,吸入泵体混凝土量过少,影响正常泵送施工;坍落度过大,在泵送输送过程中易导致混凝土离析或水分流失。通常情况下,泵送混凝土坍落度宜控制在 80~180 mm。

泵送混凝土中掺加适量粉煤灰、矿渣粉等矿物掺和料,可有效地改善混凝土和易性与可泵性,特别是在泵送混凝土中使用了较多细骨料的情况下,掺入矿物掺和料可有效地节约水泥用量。

此外,掺外加剂也是改善混凝土和易性与可泵性的有效途径,适用于泵送混凝土的外加剂主要有泵送剂、减水剂、引气剂等。泵送剂是专门适用于泵送混凝土的外加剂。在水胶比相同的条件下,掺泵送剂的拌和物坍落度有一定增加,且坍落度损失小,泌水率也较小,使拌和物具有较好的可泵性。减水剂是在不增加用水量的情况下,增大拌和物的流动性,改善和易性,便于泵送。引气剂是在拌和物中形成众多微细气泡,起到润滑的作用,减少摩擦阻力,便于泵送。

五、混凝土的浇筑控制

混凝土浇筑是指将混凝土拌和物浇筑入模并使之密实成型的工艺过程。在浇筑过程中,正确的操作可以防止粗骨料离析,而粗骨料离析往往会导致混凝土呈蜂窝状。

浇筑前,应检查和控制模板、钢筋、保护层和预埋件等的尺寸、规格、数量和位置,其偏差值应符合现行国家相关标准的规定。对模板的缝隙和孔洞应封堵严密,不漏浆;对模板内的杂物和钢筋上的油污等应清理干净;对木模板等吸水模板应预先浇水润湿,但模板内不得有积水;需要时,可在模板内涂刷隔离剂,但应注意不得污染钢筋。此外,还应检查模板支撑的稳定性以及接缝的密合情况。模板和隐蔽项目应分别进行预检和验收,符合要求时,方可进行浇筑。

在浇筑工序中,应控制混凝土的均匀性和密实性。混凝土拌和物运至浇筑地点后,应立即浇筑入模。在浇筑过程中,如混凝土拌和物的均匀性与稠度发生较大变化,应及时处理。

柱、墙等结构竖向超过 3 m 时,应采用串筒、溜管或振动溜管等浇筑混凝土。浇筑时,混凝土应垂直落下,但高度不宜超过 1.5 m,多数情况下应限制混凝土自由下落。当混凝土与模板表面或钢筋发生碰撞、弹跳时,会导致混凝土严重离析。当下落高度过大时,应采取适当防护措施。当落距较小时,可采用溜槽,落料端加设挡板和落管等;当落距较大时,应采用串筒、溜管或振动溜管等使混凝土下落。

各种构件的混凝土均应分层浇筑。浇筑层的厚度视捣实方法而定,一般不得超过表 5-22 规定。

为了保证混凝土结构的整体性,混凝土的浇筑应连续进行。当必须间隔时,间隔时间宜短,并应在下层混凝土凝结之前,将上层混凝土浇筑完毕。混凝土的凝结时间与水泥品种、混凝土强度等级及气温条件等有关,应根据具体情况经试验确定。

在地基或基础上浇筑混凝土时,对于干燥地基应用水润湿;岩石地基应用水清洗。地基上不得有积水、淤泥或杂物,并应有排水和防水措施。

表 5-22 混凝土浇筑层厚度

<table>
<tr><th colspan="2">捣实混凝土的方法</th><th>浇筑层厚度(mm)</th></tr>
<tr><td colspan="2">插入式振捣</td><td>振动器作用部分长度的 1.25 倍</td></tr>
<tr><td colspan="2">表面振动</td><td>200</td></tr>
<tr><td rowspan="3">人工捣固</td><td>在基础或无筋混凝土和配筋稀疏结构中</td><td>250</td></tr>
<tr><td>在梁、墙板、柱结构中</td><td>200</td></tr>
<tr><td>在配筋密集的结构中</td><td>150</td></tr>
<tr><td rowspan="2">轻骨料混凝土</td><td>插入式振捣</td><td>300</td></tr>
<tr><td>表面振动(振动时需加荷)</td><td>200</td></tr>
</table>

柱子在开始浇筑时,底部应先浇筑一层厚 50~100 mm 与混凝土内部成分相同的水泥砂浆或水泥浆。浇筑完毕,如柱顶部有较大厚度的砂浆层,则应加以处理。柱子浇筑后,应隔 1~1.5 h,待混凝土拌和物初步沉实,再浇筑上面的梁板结构。

梁和板一般同时浇筑,从一端开始向前推进。拱和高度大于 1 m 的梁等结构可以单独浇筑混凝土。

大体积混凝土上部往往承受较大的荷载,整体性要求较高,往往不允许预留施工缝,需要一次浇筑完毕。大体积混凝土结构在浇筑后水泥水化热量聚集在内部不易散发。在浇筑初期,内部温度升高明显,外部表面散热较快,形成较大的内外温度差,混凝土内部产生压应力,表面产生拉应力,若温差过大,可能会导致混凝土表面产生温度裂纹。在浇筑后期,当混凝土内部逐渐散热冷却产生收缩时,由于受到基底或已浇筑的混凝土的约束,接触处将产生很大的剪应力,在混凝土正截面形成拉应力。当拉应力超过混凝土当时龄期的极限抗拉强度时,便会产生裂缝,甚至会贯穿整个混凝土断面,由此带来严重的危害。在大体积结构的浇筑过程中,上述两种裂缝都应设法防止。

混凝土热量来源为水泥水化。为减少水化热,大体积混凝土应采用水化热较低的水泥,如专用的低热矿渣硅酸盐水泥或掺矿渣、火山灰等混合材的硅酸盐水泥。也可在混凝土中掺入矿渣、粉煤灰等矿物掺和料,以降低水泥用量。使用性能较好的外加剂,可以减少水泥用量并保持混凝土拌和物工作性能。此外,还应尽量减少混凝土中砂石含泥量,以降低混凝土收缩量。

大体积混凝土的浇筑应在室外气温较低时进行。大体积混凝土的浇筑方案可分为全面分层、分段分层、斜面分层三种。全面分层法要求混凝土的浇筑强度较大,斜面分层法要求混凝土浇筑强度较小。工程中可根据结构物的具体尺寸、捣实方法和混凝土的供应能力,通过计算选择浇筑方案。在浇筑过程中,应使混凝土沿高度均匀上升,并可减薄浇筑层厚度,延缓浇筑时间,以延缓水化热的聚集。混凝土表层应采取隔热措施,减少表层热量散失,以减少内外温差。必要时内部可设冷却水管,以降低内部温度。

混凝土浇筑入模以后,还需经过有效的捣实,才能使混凝土具有良好的密实性。硬化混凝土的强度与耐久性等都与捣实过程有很大关系。混凝土振捣成型应根据施工对象及混凝土拌和物的性质选择适当的振捣器,并确定振捣时间。

混凝土拌和物是具有内摩擦力的一种多相系材料。内摩擦力的大小与骨料及胶结材料的特性、配合比、水胶比等因素有关。在机械振动捣实过程中,振动器将能量以脉冲方式传递给混凝土拌和物,拌和物中的颗粒发生受迫振动,克服了颗粒之间的摩擦力,使混凝土拌和物暂时处于某种"液化状态"。"液化"的拌和物具有液体的特性,较容易充满模板,气泡上浮,骨料等颗粒在重力作用下下沉,并在振动作用下形成较密实的结构。

振动密实的效果与振动器的结构形式、工作方式及混凝土拌和物的性质有较大的关系。混凝土拌和物的性质决定了混凝土的固有频率,它对各种振动的传播呈现出不同的阻尼与衰减,有着适应它的最佳频率与振幅。振动器的结构形式与工作方式决定了它对混凝土传递振动能量的能力,也决定了它适用的有效范围和生产率。

振幅的大小影响振动的效能。振幅较大,所需振动时间较短,振幅较小,所需振动时间较长。如振幅过小,振动时间过长,实际上难以达到振实的目的。如振幅过大,容易造成混凝土离析。

当振动器频率与混凝土拌和物自身固有频率相近时,会产生共振现象,使振幅增加,振动效能提高。由此可知,低频对较粗的颗粒效能较大,高频对较细的颗粒效能较大。近年来,高频振动器发展迅速,应用较为普遍。利用高频振动器,首先使较细颗粒的水泥浆体达到"液化状态",从而使整个拌和物达到"液化状态",提高了振动效果。

振动器按照振动频率可分为低频(频率在 3 000 r/min 以下)、中频(频率在 3 000~6 000 r/min)和高频(频率在 6 000~15 000 r/min)振动器。按照其工作方式与适用情况,又可分为外部振动器与内部振动器。

(1)外部振动器

外部振动器又称附着式振动器,它通过螺栓或夹钳等固定在模板外部,通过模板将振动传递给混凝土拌和物。当遇到钢筋密集、空间狭小、曲线断面或滑模施工等情况而无法正常使用内部振动器时,常可采用外部振动器。外部振动器由于需要向模板传递能量,一般比内部振动器效率要低,同时,模板要具有足够的刚度与强度,保持良好的水密性。因此,外部振动器常常需要使用金属模板。

(2)内部振动器

内部振动器又称插入式振动器。其工作部分是一棒状空心圆柱体,内部装有偏心振子,在电动机带动下高速转动而产生高频微幅的振动。内部振动器多用于振实梁、柱、墙、厚板和大体积混凝土结构等。内部振动器应根据混凝土的性质选择。一般来说,粗骨料最大粒径很大的混凝土需要一个较大的振动器,它要比流动性较大的混凝土或粗骨料较小的混凝土的振幅更高、频率更低。

使用内部振动器时,应垂直插入混凝土中,插入深度应进入下层已浇筑混凝土内不小于 50 mm,一般为 50~100 mm,以使两个浇筑层连接成整体。同时,捣实上层混凝土拌和物应在下层混凝土拌和物初凝以前进行完毕。插入点应均匀排列,可采用行列式或交错式,但两种方式不宜混用,以免造成漏振。插入点之间的间距不宜大于振动器作用半径的 1.5 倍。对于轻骨料混凝土,则不宜大于作用半径。振动器与模板距离不宜大于其作用半径的 0.5 倍。振动器作用半径与混凝土稠度与振动器性能有关,宜根据具体情况经试验确定。

为了保证混凝土达到充分的密实性,振动操作应快插慢拔。快插是为了防止表层混凝土振动过度而底层混凝土振动不足造成结构不匀;慢拔是为了使混凝土拌和物借振动力能于振动器抽出时均匀填补振动器留下的空间。

每一振点持续时间应使混凝土表面呈现浮浆或不再沉落为宜。其直观的判断是,当被振混凝土表面有清晰的轮廓呈现,浮浆为一水平面,且无大量气泡排出,即表明混凝土已被捣实。振动时间过长,将导致混凝土离析,粗骨料下沉,导致混凝土结构不均匀。

混凝土在浇筑及静置过程中,由于混凝土拌和物的沉陷与干缩,极易在混凝土表面和箍筋的上部产生非结构性裂缝,在炎热的夏天尤其容易出现。这些裂缝对结构的性能虽无大的影响,但影响构件的外观与降低箍筋的保护作用。因此,必须在混凝土终凝前对构件表面进行两次或三次抹压,以避免这种裂缝的出现。

在浇筑混凝土时,应制作供结构或构件出池、拆模、吊装、张拉、放张和强度合格评定用的试件。需要时还应制作抗冻、抗渗或其他性能试验用的试件。

六、混凝土的养护控制

混凝土养护是指混凝土浇筑成型之后,提供一定的温湿条件,使水泥充分水化,孔隙率降到最低,以保证混凝土获得最佳的强度与耐久性。养护是混凝土施工中最重要的一个环节,养护的好坏直接影响混凝土的强度与质量。因此,施工单位在施工前,应对其施工对象,根据采用的原材料以及对混凝土性能的要求,提出既切实可行而又能保证混凝土强度和质量的养护方案，并将其列为质量管理制度的内容，并应随时检查期间执行情况。

混凝土养护的目的是为了让混凝土中的水泥尽可能地充分水化，因而充足的水分对混凝土养护很重要，但是由于混凝土中水分在空气中发生蒸发作用，或者骨料、模板、地基等吸收部分水分，都会使浆体中的水分减少。一旦水分失去过大，混凝土中水泥水化就会停止，其强度也会受到影响。为了保证混凝土强度，浇筑后应对混凝土进行充分养护。

在相同的潮湿条件下，混凝土硬化速度随着温度的增高而加快。温度影响了混凝土强度发展的速率，也影响了必需的养护时间的长短。在较高的温度下，由于早期水泥水化速度较快，混凝土早期强度增加迅速，但过高的早期温度会使混凝土内部水化产物分布不匀，导致其后期强度低于其潜在强度。一般来讲，养护温度较低，混凝土早期强度发展较慢，可获得较高的后期强度；养护温度较高，混凝土早期强度发展较快，但其后期强度较低。

混凝土的养护按照其控制温湿措施的不同一般可分为自然养护和蒸汽养护。

(1)自然养护

自然养护是指浇筑成型以后，混凝土在自然气候条件下采取适当措施维持一定的温湿环境所进行的养护。自然养护主要可分洒水养护与喷涂薄膜养护剂养护两种类型。自然养护时，应每天记录大气气温的最高和最低温度以及天气的变化情况，并记录养护方式和制度。对采用薄膜或养护剂养护的混凝土，应定期检查薄膜和养护剂的完整情况和混凝土的保湿效果。

1)洒水养护

洒水养护是指对已浇筑的混凝土用适当的材料覆盖其暴露表面，并适当洒水润湿，使混凝土在一定的时间内保持足够的润湿状态。通常，覆盖物一般选用吸水和保水能力较好的材料，在施工现场常用草帘、麻袋等，也可在其上采用塑料布包覆。采用塑料布包覆时，混凝土裸露表面应全部用塑料布包覆严密，并保持塑料布内有凝结水。对于面积较大的地坪、路面等,在条件许可的情况下,也可采用蓄水养护。

混凝土自然养护应在混凝土终凝后进行。当气温高于 25 ℃时,应在浇筑后 6 h 内进行洒水覆盖养护;当气温低于 25 ℃时,应在浇筑结束后 12 h 内进行洒水覆盖养护。养护的时间长短取决于水泥的品种。对于普通硅酸盐水泥或矿渣硅酸盐水泥拌制的混凝土,养护时间不应少于 7 d;掺有缓凝型外加剂或有抗渗要求的混凝土,养护时间不应少于 14 d。对其他品种水泥拌制的混凝土进行养护时,应根据所用水泥的技术性能确定。不论用何种水泥拌制的混凝土,只有当强度达到设计要求强度的 70%时,方可停止养护。

在养护期内,为保证混凝土保持润湿状态,应每天不断浇水,其次数取决于气候条件与覆盖物的保湿能力,以保持混凝土处于润湿状态为原则。

2)喷涂薄膜养护剂养护

喷涂薄膜养护剂养护适用于不宜洒水养护的高耸构筑物或大面积的混凝土结构。喷涂薄膜养护剂养护是将过氯乙烯树脂塑料溶液用喷枪喷涂在混凝土表面,溶液挥发后在混凝土表面形成一层塑料薄膜,将混凝土与空气隔绝,阻止混凝土内部水分蒸发以保证水化反应正常进行。喷涂的薄膜经过一段时间后即自行老化脱落。混凝土浇筑以后,须待表面失去浮浆的光泽后方可喷涂,过早的喷涂将导致薄膜与混凝土表面结合过于紧密。

对于大体积混凝土,除了要保证裸露表面润湿养护之外,应进行热工计算确定其保温、保湿或降温措施,并应设置测温孔或埋设热电偶等检测混凝土内部和表面的温度,使温差控制在设计要求的范围以内。当无具体的设计要求时,不宜超过 25 ℃。

地下建筑或基础可在其表面涂刷沥青乳液以防止混凝土内部水分蒸发。

混凝土浇筑养护后,当其强度未达到 1.2 MPa 之前,不得在其上踩踏或安装模板及支设杆架,以免破坏硬化初期的混凝土结构,影响其最终强度。

混凝土达到一定强度后遭受冻结,开冻后的后期强度损失在5%以内时,这一强度称为混凝土的受冻临界强度。冬季浇筑的混凝土应养护至其具有受冻的临界强度后,方可撤除养护措施。混凝土的临界强度应符合下列规定:

①用硅酸盐水泥或普通硅酸盐水泥配制的混凝土,应为设计要求强度等级标准值的30%;

②用矿渣硅酸盐水泥配制的混凝土,应为设计要求强度等级标准值的40%;

③在任何情况下,混凝土受冻前的强度不得低于5.0MPa。

冬季施工时,模板和保温层应在混凝土冷却到5 ℃后方可拆除。当混凝土温度与外界温度相差大于20 ℃时,拆模后的混凝土应及时覆盖,使其缓慢冷却。

(2)蒸汽养护

蒸汽养护主要是用于混凝土制品,其实质是在湿热介质的作用下,引起混凝土内部一系列物理、化学变化,从而加速其内部结构的形成,获得早强快硬的效果。

最佳的养护温度应综合强度发展速度与最终强度两方面的因素进行考虑。在通常情况下,养护温度越高,早期强度发展越快,养护时间越短,但其最终强度越低;养护温度越低,早期强度发展越慢,养护时间越长,但其最终强度越高。

高温下养护的混凝土当置于常温的潮湿环境时,由于延迟钙矾石效应,往往会在骨料周围形成裂缝,导致混凝土强度较低。

对于采用蒸汽养护的混凝土,其养护制度应符合下列要求:

① 在升温和降温阶段,应每小时测温一次,恒温阶段每2 h测温一次;

② 加温养护的混凝土结构或构件在出池或撤除养护措施前,应进行温度测量,当表面与外界温差不大于20 ℃时,方可撤除养护措施或构件出池。

常见的蒸汽养护方法主要可以分为常压蒸汽养护和高压蒸汽养护。

1) 常压蒸汽养护

常压蒸汽养护一般分为预养期、升温期、恒温期、降温期四个部分。

①预养期:用以增加混凝土对升温期结构破坏的抵抗作用,于制品成型后即湿热养护开始前所进行的室温养护期为预养期,又称静养期,一般为 2~4 h。

②升温期:升温期取决于混凝土允许升温速度及最高养护温度。升温过快,易使混凝土内部产生微细裂缝等缺陷。表 5-23 给出了混凝土的最大升温温度参考值。按此升温速度及最高养护温度可算出升温期。

表 5-23　升温速度限制

预养时间(h)	干硬度(s)	钢性模型密闭养护	带模养护(℃/h)	脱模养护(℃/h)
>4	>30	不限	30	20
	<30	不限	25	—
<4	>30	不限	20	15
	<30	不限	15	—

③恒温期:升温至要求温度后即应在此温度下恒温养护一段时间,以使混凝土获得一定的强度。

以不同水泥配制的混凝土要求有不同的恒温温度及恒温时间范围,见表 5-24。表 5-25 给出了普通硅酸盐水泥混凝土在不同温度下养护的临界恒温时间。一般来讲,硅酸盐水泥要求较低的恒温温度,可适当延长恒温时间,而矿渣硅酸盐水泥则要求较高的恒温温度。

表 5-24　恒温温度

水泥品种	恒温温度(℃)
普通硅酸盐水泥	80~85
矿渣及火山灰质水泥	95~100
铝酸盐水泥	<70

④降温期:经过一定时间的恒温养护以后,需要缓慢降温,由恒温温度降至室温的时间为降温期。降温速度与构件的尺寸及混凝土的水胶比有

关。不同尺寸构件的最大允许降温速度见表5-26。混凝土构件表面温度与气温的温差极限见表5-27。

表 5-25　临界恒温时间

温度(℃)	临界恒温时间(h)
100	4~7
80	12~18
60	20~40

表 5-26　混凝土降温速度限值

水胶比	厚大尺寸构件(℃/h)	细薄尺寸构件(℃/h)
≥0.4	30	35
<0.4	40	50

表 5-27　混凝土表面温度与气温的温差限值

混凝土强度(MPa)	混凝土表面温度与气温之差(℃)
≥30.0	≤60
≥45.0	≤75

2)高压蒸汽养护

对于多孔混凝土制品或混凝土桩等高强混凝土制品,其养护时需要100 ℃以上的温度,常压蒸汽养护条件无法达到此温度,就需要蒸汽釜增加饱和蒸汽压力,以提高养护温度。通常情况下,釜内压力可达0.6~2 MPa(6~20 atm),养护温度约160~210 ℃。高压蒸汽养护根据升压方法的不同又可以分为排气法、真空法和快速升压法等。

第三节　混凝土强度质量控制

普通混凝土按立方体抗压强度标准值划分为C15、C20、C25、C30、C35、C40、C45、C50、C55、C60、C65、C70、C75、C80等14个强度等级。混凝土的强度试验应按现行国家标准《普通混凝土力学性能试验方法标准》

GB/T 50081 的规定进行。

混凝土的强度除应按现行国家标准《混凝土强度检验评定标准》GB 50107 规定分批进行合格评定外，尚应对一个统计周期内相同等级和龄期的混凝土进行统计分析，统计计算强度平均值、标准差和强度不低于等级值的百分率，以确定企业的生产管理水平。

在生产过程中，引起工序特性数据变异的原因很多，一般可归纳为两类：一类是随机偶然原因，是指那些在现有技术水平下还不易控制的一些偶发性因素。要清除这类原因，不但在技术上遇到困难，而且在经济上也不尽合理；另一类是异常原因，或是由于原材料质量突变，或是由于生产工序不符合作业程序而产生的数据变异。这种变异可通过有关人员的努力与加强管理，是从技术上可以消除的。借助质量控制图中的控制界限，就能识别这两类因素，使生产能长期在稳定的质量状态下，这个状态称为质量控制状态或管理状态。

一、混凝土强度分布规律——正态分布

大量的试验表明，在相同配合比、成型条件、养护条件、试验条件下，混凝土强度检验结果仍存在一定的随机性与偶然性。通常认为，混凝土的强度分布规律服从正态分布(图 5-1)。以混凝土强度的平均值为对称轴，距离对称轴越远的强度值出现的概率越小，曲线与横轴包围的面积为 1。曲线高峰为混凝土强度平均值的概率密度。概率分布曲线窄而高，则说明混凝土的强度测定值比较集中，波动小，混凝土的均匀性好，施工水平较高；反之，如果曲线宽而扁，说明混凝土强度值离散性大，混凝土的质量不稳定，施工水平低。对某种混凝土强度检验的结果，可用强度平均值、强度标准差、变异系数等参数对其进行描述。

二、强度平均值、标准差、变异系数和强度保证率

在生产中常用强度平均值、标准差、变异系数和强度保证率等参数来评定混凝土的质量。

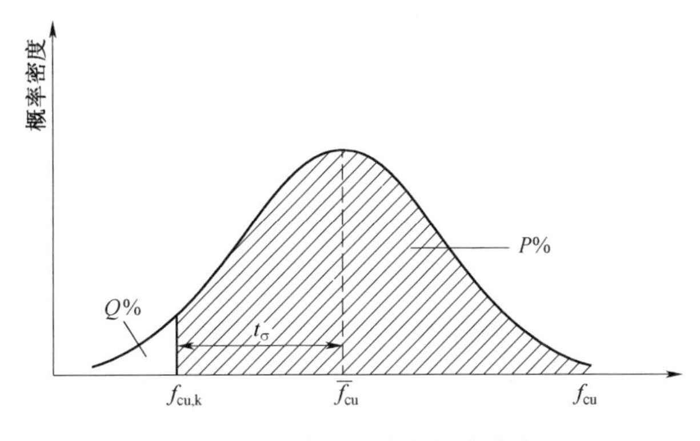

图 5-1 混凝土强度的概率分布

(1)强度平均值

强度平均值为预留的多组混凝土试块强度的算术平均值,即:

$$\bar{f}_{cu} = \frac{1}{n}\sum_{i=1}^{n} f_{cu,i} \tag{5-1}$$

式中 n——预留混凝土试块组数(每组 3 块);

$f_{cu,i}$——第 i 组试块的抗压强度,MPa。

(2)标准差

标准差又称均方差,其数值表示正态分布曲线上拐点至强度平均值(亦即对称轴)的距离,可用式(5-2)计算:

$$\sigma = \sqrt{\frac{\sum_{i=1}^{n} f_{cu,i}^{2} - n\bar{f}_{cu,i}^{2}}{n-1}} \tag{5-2}$$

(3)变异系数

变异系数又称离散系数,以强度标准差与强度平均值之比来表示,即:

$$C_v = \frac{\sigma}{\bar{f}_{cu}} \tag{5-3}$$

强度平均值只能反映强度整体的平均水平,而不能反映强度的实际波动情况。通常用标准差反映强度的离散程度。对于强度平均值相同的混凝土,标准差越小,则强度分布越集中,混凝土的质量越稳定,此时标准差的大小能准确反映出混凝土质量的波动情况;但当强度平均值不等时,适用性较差。变异系数也能反映强度的离散程度,变异系数越小,说明混凝土的质量水平越稳定,对于强度平均值不同的混凝土之间可用该指标判断其质量波动情况。

(4)强度保证率

强度保证率是指混凝土的强度值在总体分布中大于强度设计值的概率,可用图 5-1 中阴影部分的面积来表示。《普通混凝土配合比设计规程》JGJ 55 中规定,工业与民用建筑及一般构筑物所用混凝土的保证率不低于 95%。一般通过变量 $t = \frac{\bar{f}_{cu} - f_{cu,k}}{\sigma}$ 将混凝土强度概率分布曲线转化为标准正态分布曲线,然后通过标准正态分布方程 $P(t) = \int_{t}^{+\infty} \phi(t)\mathrm{d}t = \frac{1}{\sqrt{2\pi}}\int_{t}^{+\infty} e^{-\frac{t^2}{2}}\mathrm{d}t$ 求得强度保证率。其中概率度 t 与保证率 $P(t)$ 的关系见表 5-28。

表 5-28　不同概率度 t 对应的强度保证率 $P(t)$

t	0.00	0.50	0.84	1.00	1.20	1.28	1.40	1.60
$P(t)$	50.0	69.2	80.0	84.1	88.5	90.0	91.9	94.5
t	1.645	1.70	1.81	1.88	2.00	2.05	2.33	3.00
$P(t)$	95.0	95.5	96.5	97.0	97.7	99.0	99.4	99.87

在《混凝土强度检验评定标准》GB 50107 中,根据混凝土的强度等级、标准差和保证率,可将混凝土的生产管理水平分为优良、一般和差三个级别,具体指标见表 5-29。

三、设计强度、配制强度、标准差及强度保证率的关系

根据正态分布的相关知识可知,当所配制的混凝土强度平均值等于设计强度时,其强度保证率仅为 50%,显然不能满足要求,会造成极大的工程

隐患。因此，为了达到较高的强度保证率，要求混凝土的配制强度$f_{cu,0}$必须高于设计强度等级$f_{cu,k}$。

表 5-29 混凝土生产质量水平

生产质量水平 / 生产场所 / 强度等级评定标准		优良		一般		差	
		<C20	≥C20	<C20	≥C20	<C20	≥C20
混凝土强度标准差 σ(MPa)	商品混凝土公司和预制混凝土构件厂	≤3.0	≤3.5	≤4.0	>5.0	>4.0	>5.0
	集中搅拌混凝土的施工现场	≤3.5	≤4.0	≤4.5	>5.5	>4.5	>5.5
强度不低于要求强度等级的百分率 P(%)	商品混凝土公司、预制混凝土构件厂及集中搅拌混凝土的施工现场	≥95		>85		≤85	

由$t=\dfrac{\bar{f}_{cu}-f_{cu,k}}{\sigma}$可得，$\bar{f}_{cu}=f_{cu,k}+t\sigma$。令混凝土的配制强度等于平均强度，即$f_{cu,0}=\bar{f}_{cu}$，则可得：

$$f_{cu,0}=f_{cu,k}+t\sigma \tag{5-4}$$

式(5-4)中，概率密度t的取值与强度保证率$P(t)$一一对应，其值通常根据要求的保证率查表 5-28 获得。强度标准差σ一般根据混凝土生产单位以往积累的资料经统计计算获得。当无历史资料或资料不足时，可根据以下情况参考取值：

混凝土设计强度等级≤C20 时，$\sigma=4.0$ MPa；

混凝土设计强度等级为 C25～C45 时，$\sigma=5.0$ MPa；

混凝土设计强度等级高于 C45 时，$\sigma=6.0$ MPa。

国家标准《普通混凝土配合比设计规程》JGJ 55 中规定，混凝土配制强度应按式(5-5)计算：

$$f_{cu,0}\geqslant f_{cu,k}+1.645\sigma \tag{5-5}$$

在混凝土设计强度确定的情况下，保证率和标准应差决定了配制强度的高低，保证率越高，强度波动性越大，则配制强度越高。

四、混凝土强度检验评定

混凝土强度的检验评定是以抗压强度作为主控指标。留置试块用的混凝土应在浇筑地点随机抽取且具有代表性，取样频率及数量、试件尺寸大小选择、成型方法、养护条件、强度测试以及强度代表值的取定等，均应符合现行国家标准的有关规定。

根据《混凝土强度检验评定标准》GB 50107 的规定，混凝土的强度应按照批次分批检验，同一个批次的混凝土强度等级应相同、生产工艺条件应相同、龄期相同以及混凝土配合比基本相同。目前，评定混凝土强度合格性的常用方法主要有两种，即统计法和非统计法两类。

(1)统计方法评定

商品混凝土公司、预制混凝土构件厂及采用现场集中搅拌混凝土的施工单位所生产的混凝土强度一般采用该种方法来评定。

根据混凝土生产条件不同，利用该方法进行混凝土强度评定时，应视具体情况按下述两种情况分别进行。

1)标准差已知法

当一定时期内混凝土的生产条件较为一致，且同一品种的混凝土强度变异性较小时，可以把每批混凝土的强度标准差 σ 作为一常数来考虑。进行强度评定，一般用连续的 3 组或 3 组以上的试块组成一个验收批，且其强度应同时满足下列规定：

$$m_{f_{cu}} \geq f_{cu,k} + 0.7\sigma \tag{5-6}$$

$$f_{cu,min} \geq f_{cu,k} - 0.7\sigma \tag{5-7}$$

当混凝土强度等级不高于 C20 时，其强度的最小值尚应满足式(5-8)要求：

$$f_{cu,min} \geq 0.85 f_{cu,k} \tag{5-8}$$

当混凝土强度等级高于 C20 时，其强度的最小值尚应满足式(5-9)要求：

$$f_{cu,min} \geq 0.9 f_{cu,k} \tag{5-9}$$

式中 $m_{f_{cu}}$——同一验收批混凝土立方体抗压强度平均值,MPa;

$f_{cu,k}$——混凝土立方体抗压强度标准值,MPa;

$f_{cu,min}$——同一验收批混凝土立方体抗压强度的最小值,MPa;

σ——验收批混凝土立方体抗压强度的标准差,MPa。标准差 σ 应根据前一个检验期(不应超过三个月)内同一品种混凝土的强度数据确定。

2)标准差未知法

当混凝土的生产条件不稳定,且混凝土强度的变异性较大,或没有能够积累足够的强度数据用来确定验收批混凝土立方体抗压强度的标准差时,应利用不少于10组试块组成一个验收批进行混凝土强度评定。其强度应同时符合下列规定:

$$m_{f_{cu}} \geqslant f_{cu,k} + \lambda_1 \sigma \tag{5-10}$$

$$f_{cu,min} \geqslant \lambda_2 f_{cu,k} \tag{5-11}$$

上式中 λ_1、λ_2 为两个合格评定系数,应根据留置的试件组数来确定,具体取值见表5-30。

表5-30 混凝土强度的合格评定系数

试件组数	10~14	15~19	≥20
λ_1	1.15	1.05	0.95
λ_2	0.90	0.85	0.85

(2)非统计方法评定

非统计方法主要用于评定现场搅拌批量不大或小批量生产的预制构件所需的混凝土。当同一批次的混凝土留置试块组数少于10组时,进行混凝土强度评定,其强度值应同时满足下列要求:

$$m_{f_{cu}} \geqslant \lambda_3 f_{cu,k} \tag{5-12}$$

$$f_{cu,min} \geqslant \lambda_4 f_{cu,k} \tag{5-13}$$

上式中 λ_3、λ_4 为两个合格评定系数,应根据混凝土强度等级来确定,具体取值见表5-31。

表 5-31　混凝土强度的非统计法合格评定系数

混凝土强度等级	<C60	≥C60
λ_3	1.15	1.10
λ_4	0.95	0.95

由于缺少相应的统计资料,非统计方法的准确性较差,故对混凝土强度的要求更为严格。

在生产实际中应根据具体情况选用适当的评定方法。对于判定为不合格的混凝土浇筑构件或结构应进行工程实体鉴定和处理。

五、混凝土强度质量控制方法

(1)混凝土强度质量控制步骤

①确定混凝土强度质量控制的目标值。应根据正常生产中测试所得的混凝土强度资料,按月(或季度)求得混凝土 28 d 强度和早期强度平均值(28 d 强度平均值应略高于或等于混凝土配制强度)及标准差,并从中选择最有代表性的数值作为目标值。

②强度不低于要求强度等级值的百分率的目标值应根据本单位混凝土生产质量水平来确定,一般取值应大于 85%。

(2)选定与绘制混凝土强度质量管理图

① 对混凝土强度的质量控制宜采用计量型的单值—极差管理图和均值—极差管理图。在进行能够统计控制的初级阶段或不易分批的情况下,宜采用单值—极差管理图;当质量开始稳定或可以分批时,可采用均值—极差管理图。

② 选定管理图后,利用正常生产中积累的同类混凝土强度数据,计算其均值与标准差,求出管理图的各条控制线,绘制管理图。

③ 在生产中,应随时将测试值在管理图上画点,根据图上点的分布状况取得混凝土强度(或其他质量参数)的质量信息,按管理图的判断规则确定生产是否处于控制状态。

④ 为及时提供混凝土生产过程中的质量信息，绘制质量管理图时，混凝土强度的质量指标可采用快速测定强度或混凝土其他早期强度（如出池强度等）。

为便于分析混凝土强度的变异原因，有条件时尚可绘制稠度管理图、水胶比管理图等。

（3）分析影响混凝土强度变异的因素

当在管理图上发现异常情况时，应对影响混凝土强度的因素进行分析。可绘制因果分析图，据此确定影响混凝土强度异常的主要因素。

（4）确定解决问题的对策

针对影响混凝土强度的因素分析和要解决的主要问题，编制对策表，检查主要问题的解决情况。

对于上述控制内容执行结果定期进行分析和总结。其统计分析期（或称升级循环期）对预制混凝土构件厂和预制混凝土厂可取 1 个月。对于其他类型的建筑企业可根据具体情况确定，分析执行统计管理的效果、存在的主要问题及原因，确定下个循环的主攻方向，并提出下一个循环质量指标的目标值。

第四节　混凝土常见质量缺陷及防治措施

在混凝土生产使用的过程中，遇到的常见混凝土质量缺陷一般有以下几种，因此应采取相应的防治措施避免其造成混凝土质量问题的出现。

（一）蜂　窝

蜂窝质量缺陷一般表现为：混凝土结构局部出现疏松，砂浆少，碎石多，碎石之间形成的空隙类似蜂窝状的窟窿。

（1）产生的原因

①混凝土配合比不当或砂、碎石、胶凝材料、加水量及外加剂用量计量不准，造成砂浆少碎石多；

②混凝土搅拌时间不够，未拌和均匀，和易性差，振捣不密实；

③下料不当或下料过高,未设置串筒或溜槽,使碎石集中,造成碎石砂浆离析;

④混凝土未分层下料,振捣不实,或漏振,也有可能振捣时间不够;

⑤模板缝隙未堵严,致使浆体流失;

⑥钢筋较密,使用的碎石粒径过大或坍落度过小;

⑦基础、柱、墙的根部未稍加间歇就继续浇筑上层混凝土。

(2)防治及处理措施

①认真设计,并严格控制混凝土配合比;经常检查,做到混凝土计量准确,拌和均匀,坍落度适当;当混凝土下料超过 2 m 时应设置串筒或溜槽,浇筑应分层下料,分层振捣,防止漏振;模板缝隙应堵严,浇筑中应随时检查模板的支撑情况,防止漏浆;基础、柱、墙的根部应在下部浇筑后间歇 1~1.5 h,沉实后再进行浇筑,避免出现烂脖子现象。

②小蜂窝的修补办法是冲洗干净后用 1∶2 或 1∶2.5 的水泥浆抹平压实;较大蜂窝应凿去蜂窝处薄弱松散的颗粒,洗净后加小石子混凝土支模填实;较深的蜂窝,可以埋压浆管和排气管,表面抹砂浆或灌注混凝土封闭后,进行水泥压浆处理。

(二)麻　　面

麻面质量缺陷一般表现为:混凝土局部表面出现缺浆或存在许多小凹坑和麻点,形成粗糙面,但无钢筋外漏现象。

(1)产生的原因

①模板表面粗糙,或黏结的混凝土颗粒未清理干净,拆模时混凝土表面被粘坏;

②模板未浇水湿润,或湿润不够,构件表面混凝土水分被模板吸收,使混凝土表面失水过多造成;

③模板拼缝不严,使局部存在漏浆;

④脱模剂涂抹不均匀,或局部漏刷,也有可能是脱模剂失效;

⑤混凝土振捣不实,气泡未全部跑出,停留在模板表面,拆模后形成麻点。

(2)防治及处理措施

①模板表面清理干净,不得粘有混凝土或水泥颗粒及砂浆颗粒及其他坚硬的杂物;浇筑混凝土前应充分用水湿润模板,缝隙应用油毡纸或腻子堵严;脱模剂应选用长效的,涂抹应均匀,不得漏刷;混凝土应分层振捣密实(但也不能过分振捣),以将气泡完全排出为止。

②表面做粉刷的不做处理,表面不做粉刷的应在麻面部位充分用水润湿后,用原混凝土砂浆抹光压实。

(三)空　　洞

空洞质量缺陷一般表现为:混凝土结构内部出现较大的空隙,局部没有混凝土或蜂窝比较大,钢筋局部或全部裸露。

(1)产生的原因

①在钢筋较密部位或预留孔洞及预埋件处,混凝土下料被堵住,未振捣实就继续浇筑上层混凝土;

②混凝土离析,砂浆分离,碎石分离,严重跑浆,又未进行振捣或振捣不够;

③混凝土一次下料过多,振捣器振捣不到位,形成松散空洞;

④混凝土浇筑过程中掉入比较大的杂物,混凝土被卡住,造成空洞。

(2)防治及处理措施

①在钢筋密集部位、犄角部位以及其他复杂部位,采用细石混凝土来浇筑,认真分层振捣;如有预埋件,应在其两侧同时下料;如果是有预留孔,也应该两侧同时下料,侧面加开浇灌口;还应严防漏振、并及时清除混凝土中的泥块及大的杂物。

②将空洞周围松散混凝土凿去,清洗干净润湿后用高一个强度等级的细石混凝土浇筑填充并振实。

(四)漏　　筋

漏筋质量缺陷一般表现为:混凝土中主筋、辅筋或箍筋全部或部分裸露在混凝土结构外面。

(1)产生的原因

①浇筑混凝土时,钢筋保护层垫块发生位移或太少或漏放,致使钢筋外漏;

②钢筋结构截面小,钢筋过密,碎石堵在钢筋上或堵在钢筋与保护层之间,使水泥砂浆不能充分包裹住钢筋,致使钢筋外漏;

③混凝土配合比不当,造成离析,靠近模板部位缺浆,形成钢筋外露;

④钢筋保护层有缝隙,漏浆;

⑤混凝土钢筋保护层太小或保护层处混凝土振捣不密实,也可能是振捣棒振捣时触碰到主筋或箍筋使钢筋发生位移;

⑥使用木模板时,未用水充分湿润,造成粘模。脱模时造成黏结掉角,以致漏筋。

(2)防治及处理措施

①在浇筑混凝土前一定要保证钢筋保护层的厚度合格,钢筋位置不能移动,还应加强检测;钢筋密集时,应考虑混凝土所用的石子粒径不得大于两钢筋之间的距离,以保证振捣有效;保证混凝土配合比的准确性和混凝土的和易性;浇筑超过 2 m 的混凝土时应选用串筒或溜槽进行下料,防止离析;模板应充分湿润,并堵好缝隙;振捣时严禁振捣钢筋,操作时避免踩踏钢筋,如有踩弯或脱扣情况应及时更换或修整;保护层混凝土应振捣密实,脱模时应掌握好脱模时间,防止过早脱模以免碰坏棱角。

②表面漏筋应选用 1∶2 或 1∶2.5 的水泥砂浆进行填充抹面;漏筋较深的部位应凿去松散棱角与混凝土颗粒,清洗干净润湿后用高一个强度等级的细石混凝土浇筑填充并振实。

(五)泌水和离析

(1)混凝土的泌水和离析

配制大流动性混凝土时,如果混凝土的黏聚性和保水性差,混凝土中的石子在自身重力作用和其他外力作用下产生的分离,即为离析;如果拌和水析出表面,即为泌水。通常,泌水是离析的前奏,离析必然导致分层,增加堵泵的可能性。少量泌水在工程中是允许的,而且对防止生成混凝土表面裂缝是有利的。

1)产生的原因

①砂率偏低或砂子中细颗粒含量少,使混凝土保水性差。砂子含泥量

大易产生浆体沉降,表现为“抓底”。

②胶凝材料总量少,浆体体积小于 260 L/m^3。

③石子级配差或为单一粒径的石子。

④用水量大,使混凝土拌和物黏聚性降低。

⑤外加剂掺量过大,且外加剂含有泌水的成分。

⑥由于储存时间过长,水泥中熟料已部分水化,使得水泥保水性差。

⑦使用矿渣粉或矿渣硅酸盐水泥时,本身保水性不好,易泌水、离析。

2)防治措施

提高砂率,降低砂中的含泥量。合理的砂率能保证混凝土的工作性和强度;掺加粉煤灰,特别是配制低强度等级的大流动性混凝土,粉煤灰掺量应适当提高,以提高其保水性;调整石子级配,采用单一粒径的石子时应提高砂率;提高外加剂的减水率或增加外加剂掺量,减少用水量;在外加剂中增加增稠组分和引气组分,提高混凝土的黏聚性,防止泌水和离析;外加剂中复合增稠组分和早强组分;提高水泥用量或粉煤灰用量,减少矿渣粉用量,或更换水泥品种。

(2)混凝土滞后泌水

滞后泌水质量缺陷一般表现为:混凝土初始工作性能符合要求,但经过一段时间后(比如 1 h)才产生大量泌水的现象。

1)产生的原因

①真实砂率低,砂含小石子过多;

②砂子中细颗粒含量少;

③石子级配不合理,粒径单一;

④水泥、掺和料泌水率大;

⑤粉煤灰颗粒粗、含碳量高;

⑥罐车中有存水;

⑦外加剂中缓凝组分较多。

2)防治措施

提高砂率,增加真实砂的含量;更换水泥、掺和料;外加剂中复配增稠组分;对低强度等级混凝土,采用引气剂或提高胶凝材料的用量;对高强度等级混凝土,减少外加剂掺量或减少外加剂中缓凝组分;在装灰前倒转搅拌罐,将存水排放干净;改变外加剂配方或采取以上综合措施。

(六)混凝土异常凝结

(1)急凝:混凝土搅拌后迅速凝结。这种现象在日常工作中很少遇见。产生的原因一般是:①水泥出厂温度过高;②水泥中石膏严重不足;③外加剂与水泥严重不适应;④热水与水泥直接接触等。

(2)凝结时间过长:这种现象在日常工作中就经常遇见。它可分为两种情况:①整体严重缓凝;②局部严重缓凝。

第1种情况多半是由外加剂原因造成的。由于掺加了不合适的缓凝组分(有很多缓凝组分受温度的影响其凝结时间变化显著),或外加剂掺量超出了正常掺量,造成了混凝土的过度缓凝。

第2种情况:如楼板或墙体混凝土的绝大部分凝结正常,但局部混凝土缓凝,原因可能有:①外加剂采用了后掺法,混凝土搅拌不均匀,造成外加剂局部富集;②现场加水,混凝土黏聚性降低,发生了泌水或离析,浇捣时振捣使局部浆体集中,水灰比变大且外加剂相对过量;③外加剂桶中缓凝组分沉淀不易搅拌均匀,造成混凝土局部过度缓凝。

(七)“硬壳”现象

混凝土浇筑后,混凝土表面已经“硬化”,但内部仍然呈未凝结状态,形成“汤心”,姑且称之为“硬壳”现象。与此同时,常伴有不同程度的裂缝,该裂缝很难用抹子抹平。这一现象经常出现在天气炎热、气候干燥的季节。其实表面并非真正硬化,很大程度上是由于水分过快蒸发使得混凝土失水干燥造成的。表层混凝土的强度将降低30%左右,而且再浇水养护也无济于事。除了气候因素,外加剂复配中的成分和混凝土掺和料的种类也都有一定的关系。外加剂含有糖类及其类似缓凝组分时容易形成硬壳。使用矿粉时比粉煤灰更为明显。

防治措施:①对外加剂配方进行适当调整,缓凝组分使用磷酸盐等,避免使用糖、木钙、葡萄糖、葡萄糖酸钠等;②使用粉煤灰作为掺和料,其保水性能比矿粉优异;③如表面产生细微裂缝,可在混凝土初凝前采用二次振捣消除裂缝,以免进一步形成贯穿性裂缝;④最有效的办法应该是改善施工养护措施,即尽量避免混凝土受太阳直射,刚浇筑完毕的混凝土可采用喷雾和洒水等养护方法。

(八)混凝土现场比出机坍落度大

配制强度等级较高的混凝土时,有时会出现现场坍落度比出机坍落度大的现象,其原因可能有:

①使用了氨基磺酸盐或其性能相似的外加剂;

②外加剂中缓凝组分较多或后期反应较剧烈;

③配合比不合适(如砂率偏小、掺和料太多等)导致后期泌水;

④混凝土罐中有存水。

防治措施:对于前三类原因可通过试验室试配发现并予以调整(做坍落度损失和凝结时间测试);实际生产中应严格控制外加剂掺量和用水量,氨基磺酸盐类外加剂对水特别敏感;最后一种情况可在装料前倒转搅拌罐,将余水倒排干净。

(九)混凝土生产过程中坍落度损失突然加快

混凝土在生产过程中突然发现坍落度损失较快,可能原因有:

①外加剂复配组分发生变化;

②外加剂桶剩余的外加剂量较少,主要为沉淀的硫酸钠等早强组分;

③水泥成分发生变化等。

这些问题可通过调整外加剂组分及其掺量予以解决。

(十)"盐析"现象

冬季或春、秋季节试块或结构物表面有时会出现"盐析"现象。产生的原因:①外部温差变化的影响;②混凝土中硫酸钠的掺量超过水泥质量的0.8%时即会出现表面盐析现象;③混凝土碱含量高也可导致上述现象;④另外也可能与水泥的凝结时间(水化热峰值)有关,早强水泥一般不会出现盐析现象。

参考文献

[1] 吴中伟, 廉慧珍 . 高性能混凝土[M]. 北京:中国铁道出版社, 1999.

[2] 中国建筑科学研究院 . 普通混凝土配合比设计规程(JGJ 55—2011)[S]. 北京:中国建筑工业出版社, 2011.

[3] 李立权 . 混凝土配合比设计手册[M]. 广州:华南理工大学出版社, 2001.

[4] 贾立群 . 混凝土与砂浆配合比设计手册[M]. 北京:中国建筑工业出版社, 2011.

[5] 中国建筑科学研究院 . 高强混凝土应用技术规程(JGJ/T 281—2012)[S]. 北京:中国建筑工业出版社, 2012.

[6] 中国建筑科学研究院 . 混凝土泵送施工技术规程(JGJ/T 10—95)[S]. 北京:中国建筑工业出版社, 1995.

[7] 中铁三局集团有限公司 . 铁路混凝土工程施工质量验收标准(TB 10424—2010)[S]. 北京:中国铁道出版社, 2011.

[8] 中国建筑材料科学研究总院 . 补偿收缩混凝土应用技术规程(JTG/T 178—2009)[S]. 北京:中国建筑工业出版社, 2009.

[9] 江苏省建工集团有限公司 . 透水水泥混凝土路面技术规程(CJJ/T 135—2009)[S].北京:中国建筑工业出版社, 2010.

[10] 交通部公路科学研究所 . 公路水泥混凝土路面施工技术规范(JTG F30—2003)[S]. 北京:人民交通出版社, 2003.

[11] 朋改非 . 土木工程材料[M]. 武汉:华中科技大学出版社, 2008.

[12] 中国建筑股份有限公司 . 清水混凝土应用技术规程(JGJ 169—2009)[S]. 北京:中国建筑工业出版社, 2011.

[13] 中国建筑工程总公司 . 清水混凝土施工工艺标准[M]. 北京:中国建筑工业出版社, 2005.

[14] 黄士元, 蒋家奋, 杨南如, 周兆桐 . 近代混凝土技术[M]. 西安:陕西科学技术出版社, 2002.

[15] 朱永昌, 浦素云,译 . 断裂力学[M]. 北京:北京航空航天大学出版社, 1988.

[16] 中铁三局集团有限公司 . 铁路混凝土工程施工技术指南(铁建设〔2010〕241 号)

[S]. 北京:中国铁道出版社, 2011.

[17] 清华大学. 混凝土结构耐久性设计规范(GB/T 50476—2008)[S]. 北京:中国建筑工业出版社, 2008.

[18] 厦门市建筑科学研究院集团股份有限公司. 自密实混凝土应用技术规程(JGJ/T 283—2012)[S]. 北京:中国建筑工业出版社, 2012.

[19] 张仁瑜, 王征, 孙盛佩. 混凝土质量控制与检测技术[M]. 北京:化学工业出版社, 2009.

[20] 中国建筑材料科学研究总院. 混凝土强度检验评定标准(GB/T 50107—2010)[S]. 北京:中国建筑工业出版社, 2010.